全风化花岗岩
力学特性与浸水湿化效应

杜少华　李地元◎著

中国建筑工业出版社

图书在版编目（CIP）数据

全风化花岗岩力学特性与浸水湿化效应 / 杜少华，
李地元著. -- 北京 ：中国建筑工业出版社，2024.7.
ISBN 978-7-112-30063-1

Ⅰ. P588.12

中国国家版本馆 CIP 数据核字第 2024KH3787 号

　　本书采用现场调查、室内试验、理论分析、数值模拟以及现场监测相结合的方法，全面地研究了地
下水力环境下全风化花岗岩力学特性与浸水湿化效应，构建了相适用的本构模型，提出了此类隧洞围岩
变形稳定的支护控制技术和湿化变形支护时机。主要内容包括：不固结不排水快剪力学特性及本构模型、
固结排水三轴力学特性及本构模型、湿化变形特性及时变效应模型、软弱破碎类隧洞稳定性控制技术。

　　本书可供从事地下工程、水利工程等与岩土力学相关的高等院校教师及研究生、研究人员和设计人
员参考，也可供有关工程技术人员参考。

责任编辑：刘瑞霞　李静伟

责任校对：赵　力

全风化花岗岩力学特性与浸水湿化效应

杜少华　李地元　著

*

中国建筑工业出版社出版、发行（北京海淀三里河路 9 号）

各地新华书店、建筑书店经销

国排高科（北京）信息技术有限公司制版

建工社（河北）印刷有限公司印刷

*

开本：787 毫米×1092 毫米　1/16　印张：9¾　字数：230 千字

2024 年 7 月第一版　　2024 年 7 月第一次印刷

定价：**45.00** 元

ISBN 978-7-112-30063-1

（43016）

前　言

　　面临化石类能源日渐枯竭的窘境，优先利用水能资源，大力开发水电项目，是目前世界各国纷纷采取的有效措施。在我国，特别是 21 世纪以来，在西部大开发和能源战略规划指导下，我国水电事业发展迈进了新阶段，在西南高山峡谷地区、华东、华北地区陆续兴建了一大批水电工程，取得了举世瞩目的工程业绩。进入"十四五"时期，在"碳达峰、碳中和"目标驱使下，国家能源局颁发《抽水蓄能中长期发展规划（2021—2035 年）》支持加快新型能源体系建设，至此以"抽水蓄能"为代表的水电产业迎来了爆发式的增长，促进了水电传统能源向绿色低碳转型。据统计，截至 2023 年底，我国抽水蓄能已在建（核准）项目正式超过 2 亿 kW，是我国抽水蓄能发展的重要里程碑。

　　然而，随着我国水力资源开发的逐步实现，抽水蓄能工程布置的地下洞室纵横交错、平竖相贯，形成了大型复杂的地下洞室群体结构系统。由于此类水电工程不仅建设规模宏大，而且岩层赋存的地下水较为丰富，致使整个工程区围岩面临的地下水力环境较为复杂。特别地，当地下工程不可避免地穿越软弱破碎地层时，软弱围岩会在地下水不断浸湿下加剧力学强度劣化、大变形灾害等现象发生，严重影响着该类工程施工与运营安全。通过工程调研发现，在以花岗岩为基岩的各类抽水蓄能电站工程区围岩常频发塌方、突水突泥等重大工程灾害事故，归其原因在于其工程区内赋存全风化花岗岩特殊地层浸水诱发的结果。

　　全风化花岗岩是一种复杂的自然地质产物，其结构和力学特性特殊，兼具黏性土和粗粒土特性，常富含特殊的黏土矿物（蒙脱石、伊利石、高岭石）成分，造成其工程性质及施工技术复杂多变，被视为一类典型的特殊土。在富水环境下，全风化花岗岩易遭受地下水浸湿而"软化崩解"甚至伴随"显著膨胀"特征，致使此类围岩工程问题的复杂程度要远超其他一般软弱破碎围岩工程。为此，在全风化花岗岩地层建设工程时，必须重点考虑其在不同水力环境下的力学特性及湿化效应，这对地下隧洞工程施工安全及围岩稳定性控制尤为重要。正是由于全风化花岗岩力学性质特殊及其赋存的水力环境复杂，且缺乏针对该类岩体力学行为特殊性的深入认识，更少见具体的稳定性控制技术，显然这已成为目前水利水电工程施工中亟需解决的最具挑战性技术难题。

基于我国抽水蓄能建设蓬勃发展大背景下，本书依托正在兴建的河南某抽水蓄能电站为工程背景，以穿越该工程区内全风化花岗岩地层隧洞围岩在开挖和支护期间面临的整体变形破坏严重、支护困难等工程问题为牵引，对全风化花岗岩开展了无侧限抗压试验、三轴固结排水试验、浸水湿化变形试验等多项试验研究，在获得大量试验数据的基础上，分析了环境因素（如，含水率、围压、应力水平等）改变时，其力学强度、变形破裂模式以及湿化变形的变化规律。在此基础上，进行了大量的理论研究与数值模拟工作，分别构建并验证了相适应的非线性力学本构模型、湿化应变增量模型及时变效应本构模型等，并结合数值模拟软件进行工程应用分析，对全风化花岗岩等软弱破碎类围岩的支护控制技术做了有益探索。本书共 5 章，力求全面系统地展示关于"全风化花岗岩"的最新研究成果。第 1 章绪论；第 2 章全风化花岗岩无侧限抗压力学特性及本构模型，侧重于基于无侧限抗压试验的统计损伤本构模型构建；第 3 章全风化花岗岩三轴力学特性及本构模型，侧重于基于三轴固结排水试验考虑应变软化-硬化的统一本构模型构建；第 4 章全风化花岗岩浸水湿化变形特性及时变效应模型，侧重于基于大型三轴试验的湿化时变效应模型；第 5 章全风化花岗岩隧洞稳定性控制技术，侧重于稳定性控制技术的工程应用实践。

在本书编写过程中，与中南大学铁道学院阮波副教授、中国电建集团中南勘察设计研究院有限公司茆大炜高工进行了多次交流和讨论，得到了许多宝贵的意见和建议，使本书得以完善和增色。河南新华某抽水蓄能发电有限公司鲁显景副总工给了了工程现场有关技术答疑，在此表示衷心的感谢！本书的出版得到了国家自然科学基金项目（编号：42202318）的资助，谨在此一并感谢。本书中引用许多国内外专家、学者的文献资料，对此亦表示诚挚的敬意。

由于作者学识有限和经验不足，书中难免会有认识不足和疏漏之处，恳请专家、学者及其他读者不吝指正，作者在此表示感谢！

著　者
2024 年 4 月

目　录

第 1 章

绪　论

1.1　研究背景与研究意义

　　花岗岩是一种广泛分布在地壳中的火成岩，主要矿物成分为石英、长石、云母和角闪石，在世界各大洲都有许多花岗岩出露的地区[1-3]。在我国，花岗岩大面积出露在云贵高原以东，包括秦岭—大别山在内的东南、华南地区，约占国土面积的9%，达80多万 m^2[1,4,5]。突出地表的花岗岩在强烈的风化侵蚀、地质构造应力等共同作用下，除稳定性较强的石英成分外，长石和云母均风化为黏土矿物。根据风化程度的差异，形成残积土、全风化、强风化、中风化、微风化等风化带[3]。其中，全风化花岗岩虽然外观保留了岩石的结构，但是整体性已遭到严重破坏，其颗粒主要以粉、砂粒为主，局部加有球状风化的大块孤石，整体结构松散、破碎，对应的抗剪、抗压力学性能及整体稳定性很低。而在实际工程建设中，一般将其与花岗岩残积土视为同一类土，均为风化最为严重的岩体[6,7]。根据花岗岩揭露，许多工程区域内全风化花岗岩赋存深厚宽泛，且大多直接出露，目前全风化花岗岩已成为花岗岩区域工程建设过程中常见的主要岩土材料与工程载体。

　　全风化花岗岩是一种复杂的自然地质产物，区别于一般黏性土和砂质土，其结构和力学特性特殊，在不同的水力环境下表现出的物理力学特性、工程特性差异性巨大，这与其所处地应力环境、固有结构、非均匀性质、干湿过程以及区域地质成因息息相关[8-12]，所以，不同地质环境、不同地点、不同土层的花岗岩应区别对待。然而，由于人们对全风化花岗岩缺乏深入了解及全面研究，在工程建设中其极易受到施工扰动和自然环境侵蚀影响，导致工程事故频发，给工程安全以及人民生命财产安全造成严重威胁。例如，在松散的花岗岩残积土覆盖层边坡，遭遇暴雨冲刷或之后不久，会发生不同程度的滑坡事故；采用全风化花岗岩填筑的铁路或公路路基，在列车循环荷载作用和自然侵蚀下产生较大的永久变形，路基面翻浆冒泥，致使路基结构状态恶化[13]；城市建筑在以全风化花岗岩为持力层时，也经常会出现桩基承载力变异大及基坑浸水后失稳现象；当地下隧洞工程穿越全风化花岗岩地层施工时，极易遇到顶板塌方、掌子面挤出、边仰坡失稳等工程事故，施工安全和施工质量难以保障[4]等。

　　特别地，在富水地质环境下，全风化花岗岩围岩中含有的如高岭石和蒙脱石等黏土矿物，遇到地下水浸湿渗透后极易软化崩解，诱发的围岩产生流动大变形失稳、涌水涌砂等工程灾害屡见不鲜。特别是在2021年7月15日，珠海市兴业快线（南段）项目石景山隧道施工段1.16km位置发生重大透水事故，造成了14名施工人员遇难，其直接原因是隧道下穿吉大水库时遭遇了富水花岗岩风化深槽，导致右线隧道掌子面拱顶坍塌透水。所以，在现阶段，穿越全风化花岗岩软弱破碎带地下隧洞主要面临着围岩力学强度低、地下水浸湿严重、变形难以控制等诸多技术难题，同时存在围岩失稳、塌方、突水突泥等工程灾害风险。由此，确保此类水力环境下隧道安全建设已成为亟待解决的技术难题，迫切需要采用科学理论的研究手段来研究此类全风化花岗岩力学特性及浸水湿化特性，并针对性地提出维护围岩稳定的高效支护技术，提高工程建设的可靠度水平。

在建河南某抽水蓄能电站，位于河南省光山县境内，设计的总装机规模为 100MW，其工程区基岩为花岗岩，在地下厂房洞室附近存在水平宽度为 90～95m 的严重风化花岗岩破碎带。通过对 PD1 勘探平洞现场调查发现，此破碎带内岩体风化严重，结构松散破碎、泥化，外观呈砂土状，铁锹能轻松挖掘并剥落围岩体，围岩收敛变形严重，多数区段产生了塌方现象，并伴随有大量地下积水渗出，如图 1.1-1 所示。根据《工程岩体分级标准》GB/T 50218—2014[14]、《水力发电工程地质勘察规范》GB 50287—2016[15]及《岩土工程勘察规范》GB 50021—2001（2009 年版）[16]，并结合地质勘探报告得知，风化破碎带岩体完整性差，为 V 类围岩，按 Q 系统法属于极坏—特坏岩体，判定其风化等级为全风化，由此确定出本书研究对象为"全风化花岗岩"。根据该水电工程建设规划，工程区内在建的尾水隧洞、高压电缆平洞、尾调交通洞等重要隧洞工程均要通过此风化花岗岩破碎带，此区域内隧洞围岩的开挖施工与支护控制已经成为整个工程项目顺利推进的重点关注内容。鉴于此，本书依托处于全风化花岗岩地层的地下隧洞工程，对其全风化花岗岩展开了较为全面的力学试验研究以及浸水湿化试验研究，尝试构建对应的力学本构模型及湿化效应模型，并运用于数值模拟中，配合工程实践提出适用于该工程区高压电缆平洞全风化花岗岩洞段围岩的关键支护技术，所得研究成果将为工程区穿越该风化破碎带的其他隧洞及类似工程应用提供重要参考和理论依据。

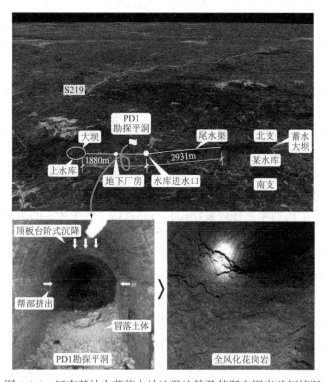

图 1.1-1　河南某抽水蓄能电站地形地貌及其洞室围岩破坏情况

1.2　国内外研究进展及现状

　　岩土材料的力学特性直接决定了工程设计的安全性、经济性及合理性，在全风化花岗岩地层等软弱破碎地质条件下隧道施工与支护控制是困扰我国隧道工程发展的主要技术难题之一。异于普通土工材料，全风化花岗岩常包含有特殊的矿物、化学成分，由于其工程性质的多变性及复杂施工技术等，自 20 世纪 80 年代以来，国内外学者全面展开了对全风化花岗岩的物理力学特性、本构模型及其工程应用等方面的研究。

1.2.1　全风化花岗岩物理力学特性研究

　　花岗岩形成的地质年代和所经历的气候环境显著不同，导致各地区全风化花岗岩物理力学特性（干密度、孔隙度、变形模量、剪切强度、渗透率、应力-应变关系等）及其工程性质（边坡、路基、建筑基坑）存在很大差异，常被作为单独的一类特殊土进行研究。鉴于现场原位试验操作不便性与高额的投入成本，目前学术界和工程界大多采用直接剪切、三轴剪切等室内试验对其开展力学强度研究，以此获得用于安全评估工程稳定性的力学强度参数。

　　全风化花岗岩土工材料的孔隙率、渗透率等物理力学性质主要由颗粒级配决定的，当其遇到水会迅速崩解并变得像松散土一样，极大程度上促使突水灾害的发生。考虑到土工材料传质和渗流特性的重要性，Liu 等[17]设计了一种新的测试系统，并通过测量、计算和量化 5 种不同粒径分布（Talbot 指数 $n = 0.2$、0.4、0.6、0.8 和 1.0），开发了一种测定包括颗粒传递和渗流特性的方法，研究了不同颗粒级配下完全风化花岗岩的突水特质和流动特性。试验结果表明，当 Talbot 指数增加时，突水风险迅速增加，当 n 等于 1.0 时达到加速或导致突水的粒度分布临界值。由此得出，全风化花岗岩颗粒转移是导致其突水演化的主要原因，突水演化实质上是可变质量的渗流和侵蚀过程，这是与其他裂隙岩体、岩溶或断层岩体相比的重要差别。

　　为了研究净法向应力状态对非饱和土抗剪强度的影响，Lee 等[18]对韩国地区全风化花岗岩土进行了土水特性试验（SWCC）和固结排水（CD）试验，并通过考虑净法向应力的影响，提出了一种估计非饱和剪切强度的预测模型，其试验结果表明了土样净法向应力状态的变化能显著影响土水特征曲线和抗剪强度。同时，Lee 等[19]还采用压力计测试（PMT）研究分析了韩国地区全风化花岗的剪切强度参数和化学风化指标之间的相关性，建立了一个考虑现场特定特征和风化程度的预测模型。模型预测结果显示，在风化指数中的 CIA 与摩擦角呈现了最好的相关性，用 CIA 指标获得的预测摩擦角与实测摩擦角之比分布在 0.8～1.2 的范围内。因此可知，与传统使用 SPT-N 值相比，基于 CIA 预测摩擦角的精确度更高，其预测摩擦角与实测摩擦角之比分布在 0.8～1.2 的范围内，且与风化指数 CIA 具有最好的相关性。

　　在城市快速发展过程中，深圳地区广泛分布的全风化花岗岩（CDG）持力层经历频繁的大规模开挖/回填、结构拆除/重建等基础设施建设，工程区域内 CDG 土会产生显著沉降和/或回弹，危及工程建筑物的安全。为此，Zhao 等[20,21]设计多级应力加卸载路径，通过室内 CD 试验研究了 4 种不同的循环加卸载路径对地铁隧道周围不同深度取样的 CDG 土抗剪强度和变形的影响。试验结果表明随着加载-卸载循环次数增加，有效黏聚力（c'）从 45.4kPa 增加到 63.6kPa，而有效摩擦角（φ'）先从 22.0°增加到 27.1°，再下降到 19.0°。同时，在前两个循环中，试样的正切模量（E_{sec}）也有所增加，但在后两个循环中随着试验结构不断损伤而减少；然而，卸载模量（E_{ur}）从 162.9MPa 一直下降到 22.7MPa，这种下降趋势不仅受到围压影响，更与试验结构累计损伤有关。

为了获得含水率对全风化花岗岩（CDG）土剪切行为的影响，Liu 等[22]在不同正应力和含水率条件下进行了现场原位和室内两种直剪试验，建立了以含水率为自变量、分别以黏聚力和摩擦角为因变量的线性方程。试验结果表明，由于实验室样品的干扰和尺寸效应，原位试验得到的强度参数比实验室试验得到的强度参数略高，总体上含水率的增加会明显削弱剪切强度、黏聚力和内摩擦角，但相比内摩擦角，黏聚力降低程度显著。

异于一般土工材料具有唯一临界状态线（CSLs），Wang 等[23]指出全风化花岗岩土具有强烈依赖初始密度的非唯一压缩状态线，这种行为特性被称为"过渡行为"。为了解广东地区全风化花岗岩的力学特性及所谓"过渡行为"，Elkamhawy 等[24]对原状和重塑全风化花岗岩试样进行了各向同性压缩试验以及排水和不排水三轴剪切试验研究。原状试样表现出独特的各向同性压缩和临界状态线，而通过增加 5%和 10%的砂含量重塑试样显示出非唯一的各向同性压缩线，在e-lg p'空间中存在独特的临界状态线，其不收敛的程度随着含砂量的增加而增加。在加载和卸载压缩路径过程中，原状土和重塑土均表现出各向同性响应特性，且产生了不可恢复的体变。过渡行为不再局限于间隙级配土壤，级配不再是该行为的唯一主导因素，相关研究表明其与塑性细颗粒含量、黏土矿物、微观结构等也有相关性[25]，而不受其重塑方法、超固结比及应力水平等因素影响[26,27]。此外，Liu 等[28]也证明了深圳某一基坑含有砂石和黏土的全风化花岗岩土呈现了过渡力学行为特征。

在我国香港特别行政区，约 2/3 城市面积位于花岗岩上，较早对风化花岗岩开始了较为系统的研究，研究成果丰富。在香港地区，常用松散压实花岗岩（DG）土和风化火山岩（DV）土作为边坡填料，但这两种松散的填土斜坡时常发生静态液化灾害，Ng 等[29,30]通过一系列固结排水（CD）和不排水（CU）剪切试验，研究了这种全风化花岗岩在固结应力比和剪切应力路径下的力学行为以及引起边坡失稳的关键控制因素，并为治理此类静态液化和易失稳边坡引入了初步设计参数；Wang 等[23]采用等向固结、固结排水和固结不排水试验方法对以上两种材料进行了试验研究，根据试验结果对各自的临界状态给予了理论表征，研究发现全风化花岗岩颗粒排列没有方向性，其随着应力增大，体变增量显著。鉴于香港九龙观塘和石硖尾地区全风化花岗岩成因的特殊性，赵建军等[31]通过固结不排水试验（CU）、微观结构分析等相结合手段，分析获得了该地区全风化花岗岩的抗剪强度与其微结构及成分之间的函数关系。To Chiu Yin[32]对香港地区饱和全风化花岗岩进行了力学特性试验研究，构建并验证了对应的统一弹塑性本构模型。

在我国广东、福建、海南等南方沿海地区，花岗岩风化剖面较为发育，它们的工程地质特征对工程项目设计和施工具有重要意义。Lan 等[33]全面综述了整个华南花岗岩风化剖面的风化特征和分区情况，并讨论了它们的工程地质性质，得出该地区全风化土工材料具有含水量低、塑性适中、孔隙率中等、收缩弱、压缩性中等、强度高等显著特点，它们大多是以低塑性或硬塑性状态存在超固结土，然而当其遇水被冲刷后，风化剖面的力学强度明显降低。对于广州地区结构性强的花岗岩残积土，温勇等[34]开展系列力学特性试验研究，包括压板载荷试验、标贯试验以及室内侧限压缩、直剪等常规试验，得到了基坑工程中常用花岗岩残积土填料力学强度参数，其试验结果表明：室内直剪试验强度参数以及由侧限压缩试验得到的变形参数（E_{50}）均明显小于实测值；而由压板载荷试验、标贯试验分别获得的 p-s 曲线结果、E_{50} 与实测结果较为吻合，可选作确定花岗岩残积土力学参数的理想试验方法。

为了评估韩国地区全风化花岗岩土路基材料的力学性能，Kim 等[35]对细颗粒含量分别为 10%、20%、30%、40% 和 50% 五种样品，进行了直剪试验、三轴剪切试验、固结试验等研究。试验结果表明随着细颗粒含量减小，黏聚力逐渐降低，而内摩擦角却呈现增大趋势；细团聚体含量越低，剪切强度越低，降低趋势显著。当细颗粒含量越大时，剪切强度越稳定。当其细骨料含量为 30% 时，样品表现出砂子或黏土材料性质，并推荐低于该值含量的全风化花岗岩土作为稳定的路基材料。

对于土体中桩基、挡土墙、埋地管道和土钉等结构，其与土之间的接触面极限抗剪强度是评估接触结构安全与可靠性的关键参数。Borana 等[36]通过对两种不同类型全风化花岗岩土与钢结构界面进行了一系列单级直剪试验，研究分析了在不同应力状态变量下表面粗糙度对土-钢界面破坏包络线的影响。试验结果表明，基质吸力和净法向应力（NNS）均显著影响土壤-钢界面和土壤的硬化/软化行为，但影响程度因对立面粗糙度而异；随着基质吸力的增加，NNS 对硬化/软化行为的影响程度愈发明显。同时，通过对最大界面剪切强度进行归一化后发现，其配合面粗糙度并不是唯一的，其值主要与施加的应力状态变量密切相关。

鉴于广西东南部地区的风化花岗岩双层土质边坡降雨频繁诱发滑坡灾害，李凯等[37]利用直剪试验，探讨了含水率分别为 5.1%、10%、15.4%、20.5%、25.6% 时，不同饱和度对花岗岩风化岩土体抗剪强度的影响规律，分析了降雨诱发浅层滑坡的机制。研究结果发现全风化花岗岩岩土体抗剪强度与饱和度呈非线性关系，存在一个 40%～60% 的"最优饱和度"使抗剪强度达到峰值强度，但饱和度对抗剪强度指标的影响规律不同，黏聚力影响很大，对内摩擦角影响很小。

为了全面认识对吕梁山压实花岗岩风化土体的物理力学性状，牛玺荣等[38]通过设置0%、4%、8%、10% 和 12% 五种黏土掺量，2.04g/cm³、2.10g/cm³ 和 2.05g/cm³ 三种干密度，100kPa、200kPa、300kPa 和 400kPa 四种围压，分别进行了常规土工试验、大三轴固结试验、大三轴固结排水试验等，对风化花岗岩的承载特性、变形特性、固结特性、应力-应变特性等进行了分析。结果表明：花岗岩风化土承载特性受黏土掺量的变化影响较大，当黏土掺量界限值约 4% 时，土样承载能力最大，达到 87%；试样变形指标较低，压缩模量较大，当掺土量增加时，试样压缩模量先增大后减小，存在明显峰值；在不同围压下试样表现出不同的剪胀性，应力-应变曲线表现出强度非线性特点。

为了分析不同试验方式获得抗剪强度的差异性及适用性，尚彦军等[39]对香港九龙地区两处边坡全风化花岗岩进行了固结不排水剪和慢剪试验，获得了同一样品两种试验的有效抗剪强度差值。对比结果发现，三轴试验结果大于慢剪试验，其中，两者有效黏聚力c'差值为$-60 \sim 60$kPa，呈正线性相关，而呈正对数相关的有效内摩擦角φ'差值为$-2° \sim 18°$。两种试验的c'差值和φ'差值呈弱负线性相关，这些差别主要归因于试样黏粒、石英和黏土矿物含量等不同。

此外，随着各类以全风化花岗岩为背景的工程建设蓬勃开展，全风化花岗岩经常被用作工程建筑材料，由于其工程性质存在一定的特殊性，如工程力学性能差、遇水易软化等显著特点，存在不少工程灾害问题，有时需要进行加固、改良处理或给予优化设计，国内外学者也进行了诸多有益探索。Lan 等[33]全面综述了我国华南地区花岗岩风化剖面的风化特征及分区情况，并讨论了它们的工程和地质性质。通过现场调研安徽省南部山区某高速公路边坡，刘云鹏等[40]研究发现钾长花岗岩全风化带岩质软弱，遇水易软化，在强降雨条件下极易发生圆弧滑动，而成散体结构的强风化带也具备发生类似变形破坏的条件。限于高速铁路路基变形的严格控制，周援衡等[41,42]使用 PMS-500 型循环加载设备进行了现场循环加载试验研究，模拟分析了不同轴重列车荷载长期循环作用下浸水前后全风化花岗岩改良土路基的动态力学特性，试验结果证实了经过水泥改良后的全风化花岗岩能满足高速铁路变形控制的设计要求。为了可持续合理地选用全风化花岗岩作为高速铁路路基本体填筑，冉隆飞等[43]以武广客运专线作为工程依托，通过添加不同含量的生石灰对全风化花岗岩进行改良，试验研究了其力学强度、压缩特性、水稳定性以及干湿循环强度特性等。

综上所述，不同分布地区的全风化花岗岩表现的物理力学性质差异较大，不同工程特性关注不同的力学指标性能。然而，不难发现，相对于黄土、软土等其他类特殊土，对全风化花岗岩的力学特性研究显得相对不足；同时，研究焦点主要集中于地面路基、建筑基坑、边坡等地面工程，较少涉及地下工程围岩体的力学强度特性及针对性的治理措施。因此，有必要对穿越全风化花岗岩的地下隧道工程围岩力学强度特性进行系统的研究。

1.2.2　全风化花岗岩力学本构模型研究

对土体应力-应变过程的本构模型研究是土力学的一项重要课题，近几十年来，诸多力学本构模型被引入土力学的研究中，例如邓肯-张（Duncan-Chang）双曲线弹性模型、德拉克-普拉格塑性模型、摩尔-库仑塑性模型、修正 Cam-clay 黏土弹塑性模型、非线性 Cysoil 弹塑性模型、理想脆弹塑性模型、损伤本构模型以及蠕变本构模型等。目前，关于全风化花岗岩力学本构模型的研究，主要集中在非线性弹性模型和弹塑性模型两个方面。

Chiu Chung Fai[44]通过对香港地区全风化花岗岩类边坡填料土进行固结不排水、恒定含水率条件下的力学试验和非饱和条件下湿化试验，通过修正 Alonso 等提出的 UPC 模型，建立了非饱和花岗岩风化土的弹塑性本构模型，研究表明修正模型能较好地模拟出其在不排水和恒定含水率等试验条件下的应力-应变和体变关系。

Yan Wai Man[45]通过固结排水和不排水压缩和拉伸试验，研究分析了重塑压实的全风化花岗岩应力-应变响应特征，结合 Dafalia 边界面模型框架和李相崧（X.S.Li）提出的状态依赖剪胀模型，构建了一个能反映其压缩与膨胀特性的弹塑性本构模型。然而，该模型包含参数较多，在不考虑风化岩结构性影响和小应变特性条件下模型参数已经达到了 17 个，且有些参数的物理意义不明确，模型难以嵌入数值软件予以开发应用。

鉴于非线性双曲线 Duncan-Chang 本构模型无法描述砂土类加工硬化状态应力-应变关系，栾茂田等[46]对全风化花岗岩进行了一系列固结不排水试验，基于临界状态土力学理论，提出了一种可以较好地描述峰值偏应力点和简化破坏面的实用方法，并建立一个由 8 个参数组成的修正 Duncan-Chang 模型。该模型较好地反映了试样峰值后的应变软化、残余强度等显著特征，其对应的模型参数均可由室内试验获得，具有较强的实用性。

基于深圳福田区原状全风化花岗岩的三轴力学试验结果，根据等向硬化准则、不相适应流动准则、叠合小应变模型以及损伤力学理论，庞小朝[5]构建了考虑结构性和小应变影响的力学本构模型。对比试验结果数据，所构建的模型能较好地模拟此类土材料具有的包括小应变特性在内的主要力学形状。但由于模型的剪胀方程中没有考虑状态变量影响，可能在计算不排水试验有效应力路径时与试验结果存在一定差距。

为考察韩国益山地区全风化花岗地基土层的力学特性，李光范等[47]设置 9 个互不相干的应力路径利用三轴排水试验进行一系列的试验研究，并基于试验结果对等向硬化的 Yasufuku 模型进行了硬化系数修正。从模型预测结果看，除了当围岩较大时与试验结果值存在较为明显的差异外，修正后的 Yasufuku 模型在很大程度上反映了试验实际情况，总体上预测值偏于保守。

刘攀[3]以深圳地区全风化花岗岩为研究对象，对其展开了全面的物理力学试验研究，并基于临界状态理论与边界面弹塑性土力学理论，建立了一个考虑状态参数对剪胀系数影响的双边界面模型。根据试验结果，与修正结构性剑桥模型结果相比，所构建的本构模型不仅能更准确地计算出各向等压加卸载条件下的塑性变形、固结不排水条件下的孔压曲线及其相变现象，而且也能较好地模拟出不同超固结比、不排水条件下的试验曲线。但是，对于固结排水试验条件的模拟效果较为不理想，未表现出较大的优越性。

由于残积土工程性质空间存在明显的差异性，安然等[48]以厦门市某地铁站基坑工程为背景，在花岗岩残积土地层中开展了多组原位孔内剪切试验。基于试验结果反演广义 Duncan-Chang 双曲线模型参数，建立了以砾粒含量为影响因子的修正 Duncan-Chang 双曲线模型，预测结果能有效地反映此类土的力学行为特性。其研究成果有益于促进原位结构性土体力学本构关系研究。

上述所有本构模型均基于不同区域环境下全风化花岗岩的力学试验结果，但相对于全风化花岗岩物理力学强度试验研究范围与深度，全风化花岗岩类土体本构模型研究依然匮乏，工程使用受到很大的制约。因此，基于特定水力环境下全风化花岗岩力学试验结果，构建对应的本构模型，并将其应用于实际工程中，能极大改善甚至彻底解决存在的工程技术难题，具有十分重要的现实意义。

1.2.3 非饱和土湿化变形研究

随着高土石坝、深压路堤、松散压实边坡、软弱破碎的构造带地下洞室围岩等工程建设日益增多，所处区域内降雨、蓄水、地下水位变化等均使得岩土工程非饱和材料浸水而产生湿化增量变形，对相应建筑物安全稳定产生诸多不利影响。在土力学范畴内，"湿化变形"泛指保持一定荷载不变条件下，土工材料遇水浸湿后引起颗粒软化导致其强度降低、相互挤压破碎，并在水润滑作用下，进而引起颗粒集合体的滑移、重排等现象产生的变形[49]。土材料的颗粒化学成分、粒径等均影响到湿化变形的程度，所以粗粒土和细粒土、非黏性土和黏性土的湿化变形机理存在较大的区别。

由此可知，当工程区内所处自然环境复杂，降雨充沛、地下水丰富等将会引起非饱和状态下岩土材料含水量的变化，从而引起湿化变形现象的发生，工程师们必须考虑并控制其湿化变形破坏的可能性。目前，众多学者对于岩土材料的湿化变形做了很多研究，并且针对定量描述湿化变形的本构模型也做了很多探讨，以下将分别从湿化变形试验研究和湿化变形本构模型研究现状展开评述。

1. 湿化变形试验研究

自 20 世纪 50 年代以来，随着不断兴起的堆石坝工程建设，初步涌现出大量关于堆石坝粗粒土湿化变形研究，但到了 20 世纪 80 年代后，由于大多堆石坝建设完工，此类土工材料的湿化变形研究基本趋于停滞状态。近年来，随着国内对洪家渡、水布娅、江坪河、糯扎渡、滩坑等诸多高堆石坝的陆续建成竣工，关于坝体堆石料浸水湿化研究再次引发了项目课题的研究热点[50-52]。

已有湿化试验研究大多采用室内大型三轴试验仪，试样直径范围主要为 50~300mm，常用湿化试验方法主要包括等向压缩、等 P 下的三轴剪切、常规三轴剪切以及平面应变等多种情况[52]，应力加载加载路径分为"单线法"和"双线法"两种[53]，如图 1.2-1 所示。其中，所谓"单线法"是指将干燥重塑土样先剪切到一定的应力水平后$(\sigma_1 - \sigma_3)_s$后保持不变，然后开始浸水直至使其达到饱和状态，由此测定获得在饱和过程中的体积应变和轴向应变增量［图 1.2-1（a）］；而所谓"双线法"是指分别对干燥重塑土样和饱和重塑土样进行三轴剪切试验后，根据试验结果曲线，得到某一应力状态下饱和样和干样两者之间的应变差值，即认为是浸水湿化而引起的应变增量［图 1.2-1（b）］。1973 年 Nobari 等[54,55]通过砂料对比了两种湿化试验结果，认为用双线法来代替单线法而不影响试验结果。李广信[56]在 1990 年通过两种试样尺寸的堆石料湿化试验，得出双线法的湿化试验结果较单线法偏小。1993 年殷宗泽[57]通过小浪底土坝坝壳料研究了两种湿化方法的相关性，提出了采用单线法来修正双线法的试验结果，建议采用间接法来计算现场工程的湿化变形。近几年，张小洪等[58]采用 GDS 土动三轴仪对比分析了软岩含量为 20%的粗粒料的两种湿化试验结果，获知两种试验结果在应力水平较小时差较小，而在应力水平较大时，双线法湿化试验结果偏大。然而，尽管"双线法"的湿化试验比较简便，但大量文献资料均表明岩土料的"单线法"湿化试验比较吻合现场工程实际，大多数学者都建议采用"单线法"进行岩土材料的湿化试验。

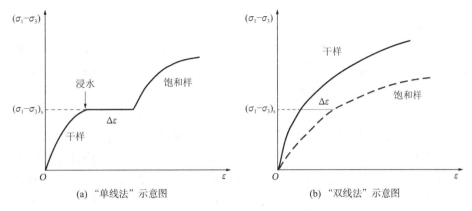

图 1.2-1 湿化试验应力加载路径

大量湿化试验研究发现，影响材料的湿化变形结果主要受材料自身物理特性（矿物成分、颗粒尺寸）、试验特征参数（初始干密度、初始含水率、细料含量）以及材料所处的水力环境（应力水平、湿化水头、围压、加载方式）等方面的综合作用。其中，材料的物理属性属于影响湿化试验结构的内因，很难进行改性，但矿物成分、颗粒尺寸的不同对湿化变形会产生显著不同的结果；材料的试验特征参数、外部力学环境因素分别属于影响的前期和后期外因，可在工程实践过程中进行改善优化进而抑制甚至避免湿化事故的发生[51]。目前来看，湿化试验大多关注堆石坝、建筑材料的粗粒料湿化变形特征，因为这些材料更加经常地受到水的侵入而产生性质的变化，不过后来逐渐发展了对于细粒料的湿化试验研究。

李鹏[59]、左永振等[60]利用大型高压三轴仪试验研究了不同应力水平、围压条件下的堆石坝坝壳粗粒料的湿化变形特性，并对比分析了湿化试验前后抗剪强度特性。张少宏等[61]亦通过大型高压三轴湿化试验对两种不同材料的堆石料进行分析，分别揭示了湿化应力与应变之间、初始切线模量与围压之间以及湿化轴向应变与湿化体应变之间的函数关系。

程展林等[62]选取某水电站堆石坝的花岗岩和变质岩两种粗粒料，通过大型三轴湿化试验得出了湿化应力水平能直接影响湿化轴向应变量，两者呈现指数函数关系；同时，湿化体积应变均随着湿化应力水平、小主应力增大而呈现线性增长趋势，并由此提出了相适应的湿化变形经验模型。

鉴于沈珠江湿化变形模型能清晰地表达出材料的湿化剪应变，但存在不能有效反映湿化体积应变的缺陷，朱俊高等[63]借助对某板岩粗粒料的大型三轴湿化变形试验，详细地阐述了湿化体积应变、湿化剪应变受到围压、应力水平改变时的变化规律及所反映的数学湿化模型。

曹培等[64]针对路基填筑体红砂岩风化土料遇水易湿化、崩解等造成的安全性问题，尝试通过三轴湿化变形试验分析密度、围压和应力水平等环境因素对红砂岩风化土料湿化变形的影响作用，试验结果得出了湿化轴向应变量对应力水平变化尤为敏感，应力水平越大，轴向应变亦愈大。并且，随应力水平的增加，湿化后的峰值强度表现出一定程度的降幅现象，但总体降幅较小。

综上可知，以上湿化变形研究更多关注的是堆石坝、路基等地面工程土工材料的湿化变形试验研究，然而对于穿越区域范围深厚的不良地质构造带的地下隧道工程，其围岩在开挖或维护期间往往会受到富水区段地下水入渗引起的湿化变形研究却鲜有报道，尤其是隧洞围岩体为全风化花岗岩松软破碎且处于富含地下水的复杂水力环境。为此，基于大型三轴仪，本书考虑影响地下隧洞围岩稳定的不同因素的一系列湿化试验，为构建非饱和全风化花岗岩浸水湿化本构模型奠定良好试验基础。

2. 湿化变形本构模型研究

伴随着对湿化试验的不断投入，湿化试验模型应运而生并逐渐趋于完善。在 1973 年的美国土木工程师学会上，Nobari 和 Duncan 首次提出应将湿化变形的影响考虑到非线性有限元法计算过程中，认为其值是由于固结围压力和偏应力引起的轴向应变和体积应变引起的。随后，Mahinroosta[65]引入与围压、湿陷系数等相关的湿化应变增量模型，借助伊朗 178m 高城的 Gotvand 心墙堆石坝工程监测数据，成功地预测了该工程上游堆石坝在初次蓄水后的湿化变形量。Bauer 等[66,67]基于材料湿化后硬度降低方法构建了亚塑性湿化变形本构模型，能较好地预测出风化堆石材料受浸水后引起的湿化变形，结果发现该材料既具有蠕变特性又具有应力松弛特性。

国内关于湿化变形模型研究虽起步较晚，但也做了大量工作。殷宗泽[68]分析了 Nobari 的计算湿化变形模型后发现其与实际情况有较大出入，从计算方法和本构模型方面对其模型进行了部分修正和改进，新建立了以椭圆-抛物线双屈服面为主体的湿化弹塑性模型。随后，李广信[56]基于殷宗泽的湿化研究成果，运用广义胡克定律进一步地提出了湿化割线模型和湿化塑性模型，并表示湿化变形与湿化应力水平之间只能通过全量方程建立联系。

基于非线性弹性理论，迟世春等[69]通过探索前人堆石料三轴湿化试验结果，运用模量降低方法建立了一种新的与变量参数分别为割线模量E_w和泊松比ν_s的湿化变形数学模型，其模拟效果优越于改进的沈珠江湿化模型。

Cheng 等[70]借助动扭剪三轴仪对 Q_3 黄土开展了振动湿化变形试验，提出了一个能定量描述含水量对振动沉降变形影响的湿化振动变形系数，并运用单级加载法建立了其与含水量、动剪应力峰值、初始固结应力和振动频率等因素之间的函数关系。结果表明相对于其他因素，含水量对湿化振动沉降参数与振动时间的影响更为显著，低含水量对应着缓慢递增曲线，而含水量增大时则曲线快速增加。

Casini[71]提出了一个简单的预测低塑性粉砂湿化变形的本构模型（NCL），用来量化描述均匀土的非饱和层饱和引起的变形，以及引起初始孔隙比和重量含水量的变化。该模型通过参数c对 NCL 的依赖性和由孔隙率决定的持水曲线，可以捕捉加载和润湿引起的渐进降解，进而预测由降雨引起的湿化变形，主要应用于饱和状态下 NCL 的渗透、卸载-再装载线的坡度、饱和程度等情况预测。

周雄雄等[72]分析研究粗粒料单线法湿化试验数据后，认为湿化体变与湿化轴向应变的比值k、平均主应力p和广义剪应力q三者满足扭面关系，给出了其湿化体应变与湿化轴向应变比值的计算方法，并基于湿化应力水平与湿化轴变之间关系，拟合得到了湿化体应变模型，其拟合结果能较好地反映实际情况中湿化体变的湿缩和湿胀情况。

Jia 等[73]根据观音岩复合水坝的位移监测资料，采用 MPSO 方法对 E-B 模型、蠕变模型和湿化变形模型对大坝湿化变形进行了联合反分析，计算分析了大坝在施工、蓄水和运营期间产生的位移值，结果表明坝顶裂缝主要是由坝体土体的蠕变变形和湿化变形共同引起的不均匀沉降造成的，并模拟估算出在蓄水后 3 年内，坝土体的湿化和蠕变变形产生的位移量将达到 83% 以上，坝体建成后 10 年坝顶沉降量预计为 69.4cm，不足坝高的 1.0%，满足碾压式土石坝设计规范要求。

此外，许多学者从不同角度研究了各类不同土工材料湿化变形试验及建立相关湿化本构模型，但这些均是基于特定地质条件下地面工程材料的研究成果，尽管现有湿化变形本构模型较多，但由于地面、地下工程所处水力环境的显著差异性，目前现存湿化本构模型难以准确反映地下隧道工程围岩体的湿化增量变形，尤其是对软弱破碎带全风化花岗岩浸水湿化变形机理并不清楚。为此，本书借助采样于河南某抽水蓄能电站地下洞室的全风化花岗岩粗粒土在不同水力环境下的湿化试验结果，分别建立了考虑围压、应力水平及剪胀效应的湿化变形本构模型及具有时间效应的湿化效应本构模型，进一步揭示了地下洞室全风化类围岩湿化变形机理。

1.2.4 软弱破碎围岩稳定性控制及支护技术研究

在地下隧洞施工开挖过程中，经常会遇到高地应力软岩、断层破碎带、偏压、富水等复杂地质环境，其围岩软弱破碎、自稳能力差、变形持续时间长，如果支护控制不当，易发生隧道塌方、仰坡失稳等事故，给洞室施工开挖与运营期间的安全稳定造成很大隐患，而选择科学合理的支护控制技术是保证工程顺利推进的关键[74-78]。基于各类复杂地质环境条件下地下洞室围岩情况，国内外学者围绕软弱破碎围岩稳定控制及其支护技术开展了大量的研究，取得了丰硕成果。

1. 软弱破碎围岩稳定性控制

在国外，岩石力学与岩土工程的研究较早，20 世纪初，A Heim 就提出地下岩石工程的各向承载相同，均为覆岩重量；W J Rankine 和 A H ДИННИК 修正了 A Heim 模型，提出了侧压系数的概念；M M Протодьяконо 和 K Terzahi 分别提出了曲线形和矩形冒落拱理论[79]。20 世纪 60 年代，L V Rabcewicz、L Müller 和 F Pacher 提出了新奥工法（the New Austrian Tunneling Method，NATM）[80-82]；20 世纪 70 年代，M D G Salamon 建立了能量平衡转化模型[83]；20 世纪 70 年代中期，意大利 Peitro Lunardi 在隧道工程设计与施工中运用岩土控制变形分析法理论，提出了新意法（ADECO-RS）隧道设计与施工技术[84]；20 世纪 80 年代，日本山地宏和樱井春辅基于应力控制理论提出了围岩体的应变控制理论；C Wang 等[85]将巷道变形分为初始变形、长期流变变形和振动变形三部分，并基于此提出了控制巷道使用期稳定性的有效理论；Y Jiang 等[86]提出了一种预测软岩隧道围岩塑性区形态及计算其松动压力的理论方法，并指出此类洞室围岩的失稳判据。

自 20 世纪 80 年代以来，国内许多学者在地下洞室围岩变形控制方面也做了大量研究，形成了控制各类地下洞室围岩安全稳定的支护理论，比如于学馥教授的轴变理论[87]、宋宏伟教授的围岩松动圈理论[88,89]、陆家梁的联合支护技术理论[90]、孙均的锚喷-弧板支护理论[91]、方祖烈教授的主次承载区支护理论[92]、范秋雁的软岩流变地压控制理论[93,94]、康红普院士的关键承载圈理论[95]。侯朝炯院士等[96,97]提出适应于沿空留巷的大、小结构控制理论。何满潮院士[98]提出软岩工程力学支护理论，即关键部位二次耦合支护理论。紧接着，随着地下空间开发环境愈发复杂，许多学者对软弱破碎类围岩的稳定性分析及控制研究取得了一些瞩目成果。王卫军等[99,100]针对高地应力条件下破碎围岩巷道引入了"大、小承载结构"理论，并建立了控制此类围岩的关键支护技术，其支护控制理论的关键思想是在巷道开挖后的支护关键在于优化调整小承载结构参数，促使其尽早形成并达到足够的强度和承载能力，进而才能促进大结构的形成过程，维持围岩的整体稳定性。根据矿井中巷道、硐室、井筒伴随的大变形、冒顶、底臌、冲击地压等地质灾害现象，赵志强等[101]提出了基于"蝶形破坏理论"的塑性区形态控制理论，该支护控制理论关键在于将软弱破碎巷道形成的蝶形破坏区域转化为非蝶形破坏可有效避免各类地质灾害的发生，而采取有效手段促使围岩非蝶形破坏区域转化或调控为蝶形破坏形态可大幅提高煤矿巷道的增透卸压及瓦斯抽采效果。袁超等[102]针对深部高应力＋采动应力叠加复合工程围岩时常显现的冒顶、片帮、底鼓等安全隐患，提出控制此类存在较大破碎范围的围岩稳定应转变传统强力抑制围岩大变形理念过渡为促使围岩整体产生均匀、协调性稳定变形理念，由此认为工程巷道掘进时应科学合理地预留给围岩一部分"给定变形"。余伟健等[103]针对深部软弱破碎围岩的"锚喷网＋锚索"联合支护形式，根据围岩与支护相互作用原理，提出以"长、短锚杆（锚索）"为核心的叠加承载拱理论。杨双锁[104]根据帮部裂隙发育或软弱破碎的煤岩巷道力学特征，推导获得了涵盖围岩-支护相互作用全过程的波动性平衡理论，并认为控制此类围岩帮部稳定需采用挤压加固和整体锚固相结合的理论，使得锚固体的厚度与宽度之比应该大于薄板厚宽比的上限，即厚锚固板支护理论。

2. 软弱破碎围岩支护技术研究

随着锚杆、锚索等传统支护结构使用的推广普及，维护地下工程隧道围岩稳定的支护控制技术逐渐从被动支护到主动支护方式过渡，支护结构形式也由过去单一的锚杆、锚索等支护逐渐演化到各种结构复合型联合、耦合支护形式发展，伴随衍生了包括"锚杆＋锚索""棚式钢支架结构""砌碹＋注浆"联合等众多支护技术，并在诸多工程现场进行了大量实践。目前，软弱破碎围岩支护主要通过改善自身承载条件和对围岩提供高强支护力两种加固方法，形成了以"型钢拱架或注浆加固"和"型钢拱架＋注浆"加固为主体的多种经济实用的新型联合支护技术。

在煤炭资源开采中，深部高应力软岩巷道、半煤岩巷道，其围岩软弱破碎、力学强度低、各类复合岩层变形差异性大，在巷道开挖后围岩整体收敛变形严重，其围岩的支护控制已成为地下工程中最复杂的技术问题之一。针对广西百色东笋煤矿半煤岩巷道出现的两帮煤层挤出、底板鼓出量严重情况，余伟健等[105]设计了"锚杆＋钢筋网＋预紧力锚索＋槽钢横梁"联合支护技术，通过现场工业试验表明其有效解决了现场围岩大变形问题。刘晓宁等[106]针对北阳庄矿东翼大巷为半煤岩巷道围岩松散破碎、变形剧烈、翻修率高等问题，提出了"锚网索喷＋反底拱（锚注）"联合支护技术，并成功应用于现场。刘泉声等[107]深入分析了深部矿井软弱破碎围岩的支护难点及其时效力学机制，提出实现此类巷道施工安全和围岩稳定控制的关键是应采取超前预注浆、架设 U 形钢棚、喷锚注等多种手段相互有机地配合，结合工程实践将支护控制理念成功地应用于淮南顾桥煤矿−780m 水平南翼轨道大巷。Wang Fangtian 等[108]基于双壳锚杆-注浆加固力学机制，对某煤矿处于松软地层运输大巷实施了全断面锚固-注浆加固支护技术（WSAGRT），有效地控制了现场围岩大变形。同时，以"桁架锚索"为核心、以"锚、网、索、梁"为辅助的具有自动让压功能的高强综合支护技术，也被用于各类高应力、软弱破碎半煤岩类矿井巷道，诸如顶板桁架锚索和煤帮锚索−槽钢桁架联合支护[109]、高应力大断面巷道围岩双锚索桁架、高强让压型锚索箱梁支护系统[110]以及高预应力强力锚杆支护系统[111]，等等。

在支护控制各类岩性差、地质构造带等交通运输类隧道围岩实践中，许多学者也进行了大量的理论分析与现场应用研究。邵帅等[112]针对处于破碎带的泄洪隧洞围压时发生的大变形、塌方等工程灾害现象，考虑首先采用超前支护的基础，接着在施工开挖中利用"喷锚＋钢支撑＋锚筋束"等联合支护体系强化支护方法，成功地治理了该隧洞特殊区域段围岩难以控制问题。山东大学李术才等[113]秉持"先让再抗后刚"大变形控制思想，通过借鉴超高层建筑中常用的框架-核心筒结构，自主研发了一种新型的钢格栅混凝土核心筒支护结构体系，成功地应用于金瓶岩隧道 V 级围岩区域段。为了解决高应力破碎软岩隧道工程面临的支护难题，荆升国等[114]通过建立支护结构联合支护力学模型，提出了将棚式支架和锚索耦合成为一体构成"棚-索"协同支护系统，并运用数值仿真和物理试验手段给予了科学有效性验证。为解决由于地基不均匀沉降引起的黄土隧道围岩塌陷失稳问题，Qiu Junlin 等[115]现场调研一个位于甘肃的三车道超大断面隧道，使用垂直喷射注浆桩加固的方法维护黄土隧道长期稳定，结果证明垂直喷射注浆技术对黄土隧道的基础加固效果很好，大大提高了此类隧道施工的稳定性和安全性。针对深埋软弱岩体隧道施工时出现的大挤压变形问题，Chen Ziquan 等[116]研究分析了四川茂县隧道大变形机理和支护控制方法，采用主体结构为"HW175 钢拱架＋锚杆＋C25 混凝土"的双重主体支护系统，现场支护效果表明这种支护方法能够有效地控制高地应力下破碎千枚岩的大变形和流变效应。

此外，随着各种新颖控制技术的提出，出现了多种对经典支护结构优化与改进的典型案例。例如，马念杰[117]团队研发了一种"可接长锚杆-普通锚杆"支护技术体系，不仅解决了掘进断面不足而无法安装长结构体锚杆或锚索等问题，更重要的是其能与围岩体协同变形同时提供高效的支护阻力；何满潮院士团队[118]自主研发了一种应于软岩巷道、深部高低应力巷道的围岩支护的 HMG 型恒阻大变形锚杆，能提供恒定工作阻力和稳定变形量，可有效降低冲击地压等工程灾害的发生；单仁亮[119]提出在预应力锚索自由段外侧距巷道表面一定深度扩孔、安装纵向开缝钢管组成了一种抗剪锚管索支护系统（ACC），充分利用了高预紧力的锚索抑制破碎围岩产生扩容变形，并借助外部开缝钢管及裹紧索体共同抵抗围岩体的剪切滑移，以此实现锚索＋开缝钢管"1＋1＞2"的支护效果。

综上所述，关于复杂地质环境下软弱破碎洞室稳定的支护技术得到了一定范围内的成功应用，然而这些支护技术仍具有针对性或局限性，目前还没有形成统一的经验认知，无法照搬借鉴。而且，由于不同地质条件下的全风化花岗岩力学特性和工程特性等的显著差异性，针对此类极破碎地层的隧道围岩稳定性控制技术，还缺乏系统的研究，故迫切需要一种安全、有效、经济的支护技术来确保全风化花岗岩隧道围岩的安全与稳定。

1.3　目前研究存在的不足

通过对复杂地质环境下全风化花岗岩的力学强度特性及本构关系、非饱和土浸水湿化特性及湿化变形模型的研究综述，以及对软弱破碎类地下工程围岩体的稳定性控制原理及配套支护技术的研究进展评述，发现对于复杂地下水力环境下的全风化花岗岩，其所独有的力学强度特性、浸水湿化特性及其所对应的本构关系尚未进行系统地研究，以及对穿越此类地层的隧洞围岩稳定性控制问题也尚未建立科学合理的配套支护技术体系。鉴于此，对处于全风化花岗岩地层地下隧洞围岩体力学行为及其稳定性控制研究存在的问题具体阐述如下：

（1）地下水力环境下全风化花岗岩力学特性研究较为匮乏

目前，对全风化花岗岩力学特性研究主要集中在不同地区的路基、建筑基坑、边坡等地面工程，积累了诸多的现场治理经验，但相对于黄土、软土、冻土、盐渍土及吹填土等，对全风化花岗岩这种特殊土的研究还明显不足，特别是对于处于地下水力环境下洞室围岩为全风化花岗岩的情况鲜见报道。

（2）全风化花岗岩本构关系理论及数值应用缺乏深入研究

相比于全风化花岗岩物理力学特性试验研究，全风化花岗岩类工程材料的应力-应变本构关系理论及数值应用研究更为匮乏，工程围岩变形机理模糊不清；现存各类土体的本构模型能否有效模拟地下水力环境下的全风化花岗岩力学行为，仍需进一步验证。因此，亟需开展基于全风化花岗岩地层岩体力学试验，建立针对性的力学本构模型，并结合数值计算方法将其进一步应用于工程实践。

（3）地下洞室围岩受到地下水入渗后的湿化影响尚未引起重视

在地下洞室开挖、支护及运营期间，富水地段不可避免地受到地下水的不断入渗，加之施工扰动、支护封堵等诸多因素交互影响，很大程度上造成浅埋围岩体含水状态的不断演化，引起围岩体变形和应力重分布，导致围岩持续产生流变和力学性能劣化等问题，久而久之引起塌陷灾害。然而，国内外学者和工程师对在堆石坝、路基填料等工程的非饱和土材料湿化变形及本构模型研究较多，而较少关注受地下水入渗且围岩为全风化花岗岩的洞室围岩湿化变形问题。更重要的是，目前还缺乏有效的数学模型来计算湿化引起的岩体变形以及如何保持湿化后围岩的稳定，且反映此类岩体的湿化时变效应模型也未见有明确指出。

（4）软弱破碎类围岩稳定性控制技术亟待升级优化

由于影响各类软弱破碎类围岩稳定的因素较多，如应力环境、地下水、围岩结构和岩性等，对围岩变形破裂机理认知不清，加之有些支护理论与技术运用还不够成熟，往往导致设计的支护方案效果不理想，引起洞室围岩安全运营成本过高。因此，目前对于软弱破碎类地下洞室围岩的支护控制存在的主要问题就是支护设计整体技术水平不高，没有结合具体复杂水力环境从原理上进行系统地研究，并缺乏可靠的有针对性的支护控制理念和支护技术。基于此，有必要结合具体的工程地质条件，依据围岩变形破裂机理，围绕岩体力学试验参数及相适应的本构关系，设计出科学合理且经济可靠的支护控制技术，确保软弱破碎类围岩长期安全与稳定。

对上述研究存在的问题，本研究有助于弥补处于地下水力环境中的全风化花岗岩力学行为特性的全面认知，获取穿越全风化花岗岩软弱破碎地层洞室围岩的支护控制机理及配套支护控制技术，指导同类复杂地质环境下地下隧洞围岩建设问题。

1.4 研究内容和技术路线

基于上述研究现状及存在的问题，本书依托河南某抽水蓄能电站高压电缆平洞工程项目，以工程区内全风化花岗岩为研究对象，采用现场调研、理论分析、室内试验、数值模拟与现场监测等多种手段相结合方式，对全风化花岗岩的力学强度特性、浸水湿化特性开展了系统全面的研究，获得了全风化花岗岩力学本构模型和湿化时变效应本构模型，并针对性地提出了控制全风化花岗岩隧洞围岩稳定变形的支护技术，同时结合工程实践探讨了支护方案的合理性及围岩发生浸水湿化时的支护时机。研究内容主要分为以下几个方面：

（1）全风化花岗岩无侧限抗压力学特性及本构模型研究

基于穿越典型全风化花岗岩地层地下隧洞的水力环境特性，采用无侧限抗压力学试验，通过改变干密度、含水率等环境变量，探讨了全风化花岗岩在单向应力状态下的力学强度与变形破裂规律。基于损伤力学理论，构建了单向应力状态下全风化花岗岩损伤本构模型，结合试验结果对模型的可靠性进行了验证。

（2）全风化花岗岩三轴力学特性及本构模型研究

通过三轴力学试验，设置了不同干密度、含水率、围压三种环境变量，研究了全风化花岗岩在三向应力状态下的力学强度与变形破裂规律。以三轴力学试验数据为基础，建立了强度指标与含水率、干密度之间的函数关系。基于全风化花岗岩应力-应变曲线特征，通过修正经典的 Duncan-Chang 模型建立了既能反映试样应变硬化又能反映应变软化特性的力学本构模型，并与试验数据结果进行了对比验证。

（3）全风化花岗岩浸水湿化变形及时变效应模型研究

借助大型三轴剪切试验仪，研究了干燥、天然和饱和三种不同含水率情况下大尺寸重塑土试样的力学行为特性，并采用"单线法"试验研究了不同应力水平下自然含水状态的全风化花岗岩浸水湿化的力学响应特征，以此对比分析了自然含水率试样在浸水湿化前后的力学强度和变形特征。根据湿化变形试验结果，建立了以计算湿化轴向应变、体应变及剪应变三个增量指标为主体的湿化变形数学模型。基于湿化应变与时间关系，运用流变力学理论，获得了反映全风化花岗岩湿化时变效应模型，提出了湿化变形稳定的判定指标，揭示了其变形在浸水湿化过程中具有的流变特性。

（4）穿越全风化花岗岩地层隧洞洞段支护控制技术及应用研究

以穿越全风化花岗岩破碎带的高压电缆平洞区段围岩为工程背景，现场调研了同层位勘探平洞的围岩变形破坏、地应力分布情况，根据力学强度试验参数，运用 FLAC^{3D} 软件二次开发程序嵌入所建的力学本构模型，模拟分析了原设计支护方案的支护效果。针对原设计支护方案存在的支护缺陷，设计优化了支护参数，并结合现场监测所得数据，论证了优化后支护方案的工程有效性。同时，以湿化试验结果为基础，利用 FLAC³ᴰ 数值软件模拟分析了围岩浸水湿化效应，探讨了围岩湿化变形稳定时间与支护时机。

　　本书结合工程实际，综合运用现场调研、室内试验、理论分析和数值模拟等研究手段，对全风化花岗岩及其所处洞室围岩稳定性开展了系统深入的研究。本书的主要研究技术路线如图 1.4-1 所示。

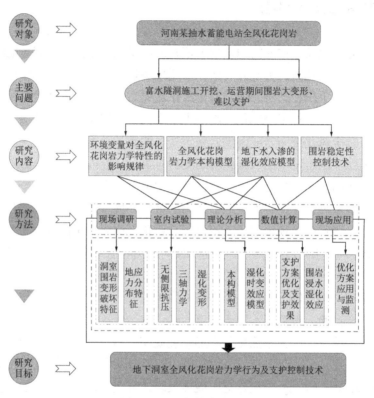

图 1.4-1　研究技术路线图

第 2 章

全风化花岗岩无侧限抗压力学特性及本构模型

异于普通土工材料，全风化花岗岩常包含有特殊的矿物、化学成分，造成其工程性质及施工技术复杂多变，准确掌握其物理力学特性是深入研究处于该地层隧洞工程围岩变形机理及其支护控制技术的前提[120-122]。在地下隧洞工程中，含水率、密实度及应力环境是影响其围岩稳定的关键环境变量，其值的变化会对围岩整体的力学强度及变形破坏模式产生实质性影响，进而导致了支护方案的设计和施工技术的复杂性[123-125]。由于地下隧洞围岩开挖、支护等施工影响会造成应力环境改变，围岩可能会较长时间或反复处于单向应力、三向应力状态，然而处于不同应力状态下围岩体的力学属性、变形破坏模式如何？怎样规避或有效降低相关工程灾害？针对上述问题，有必要对全风化花岗岩开展相关的力学特性与本构模型研究。

不同于地面工程，在全风化花岗岩地层软弱破碎围岩隧洞中开展现场原位试验及原状采样困难重重，而对其进行合理的重塑制样后开展相关室内试验研究已成为一种行之有效的研究手段[5,44,45]。鉴于此，选取河南某蓄能水电站工程区全风化花岗岩为研究对象，通过现场取样、重塑土制样对其进行无侧限抗压试验研究，探究地下水力环境变量改变时单向应力状态下全风化花岗岩重塑土的力学强度及变形破裂特性，进而运用损伤力学理论构建相适应的统计损伤本构模型。

2.1 试验方法

2.1.1 现场采样

在本书中，所有试验材料均来源于河南某蓄能抽水电站地下厂房附近的 PD1 勘探平洞，具体取样位置位于其洞深 90m，处该水电站地质概况和现场取样如图 2.1-1 所示。根据地质勘探报告，PD1 勘探平洞其洞口坐标 $X = 524095.62$，$Y = 555987.35$，勘察深度为 511.80m（不包括明挖段），洞口高程 $H = 123.48$m，洞底高程 $H = 128.05$m，开挖的断面尺寸为 $2m \times 2m$（宽×高）。在洞深 36～131.3m 范围内分布着厚度约为 100m 的风化破碎带（图 2.1-1 中黑色区域），该范围内岩体为松散破碎、块石含量少，多呈散体土状，属于全风化花岗岩。

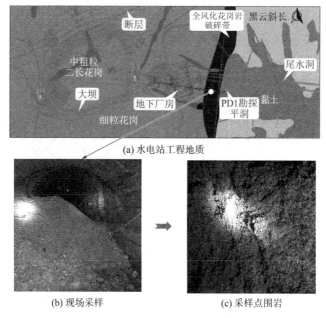

(a) 水电站工程地质

(b) 现场采样　　　　　　　　(c) 采样点围岩

图 2.1-1　河南某蓄能水电站工程地质及现场采样

2.1.2　基本物理特性

根据《土工试验方法标准》GB/T 50123—2019[126]，对采样土进行了一系列基本物理性质试验，包括矿物组成分析、自由膨胀率试验、含水率及颗粒级配试验等，具体如下：

1. 矿物组成成分

X 射线衍射分析岩石中矿物成分及其含量，是将试样制成粉末后进行测试分析，主要测试岩石中矿物物相，并能对分析结果进行半定量计算处理。如图 2.1-2、图 2.1-3 所示，分别为全岩 XRD 图谱和 XRF 半定量化结果。

从 XRD 测试结果看，花岗岩风化后产生的黏土矿物以云母、蒙脱石为主，部分为长石和水云母（伊利石），其含量分别为 34.57%、38.29%、18.99% 和 8.15%，而云母、蒙脱石遇水易发生膨胀、崩解。从全岩 XRF 半定量化结果看，黏土矿物的化学成分主要以 SiO_2、Al_2O_3、K_2O 为主，以 SiO_2 最多，其次是 Al、K、Mg、Fe、Ca、Na 的氧化物及一些微量元素。

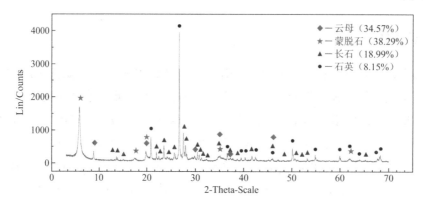

图 2.1-2　全岩 XRD 图谱

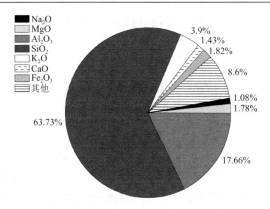

图 2.1-3　全岩 XRF 半定量化结果

2. 自由膨胀率试验

基于采样土的 XRD 图谱（图 2.1-2），其包含的膨胀物质云母和蒙脱石占比达到 72.86%，考虑采样 5 组自由膨胀率试验来测定其自由膨胀率。每组分别配制包含粒径小于 0.5mm 的 10mL 土料、30mL 水和 5mLNaCl 溶液，然后在 50mL 量筒中混合均匀。开始时，每隔 2h 读取并记录液体体积，直至两个读数之间的误差小于 0.2mL，此时表明膨胀趋于稳定。图 2.1-4 给出了土样在水中自由膨胀体积随试验时间的变化过程，其中 V_2 为初始体积值。自由膨胀率由式(2.1-1)确定[127]，如下：

$$F_s = \frac{V_1 - V_0}{V_0} \times 100 \tag{2.1-1}$$

式中：F_s 为自由膨胀率（%）；V_1 为水中土样膨胀稳定后的体积（mL）；V_0 为原有土料添加体积，均为 10mL。

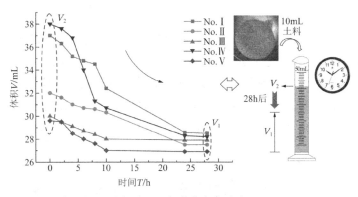

图 2.1-4　自由膨胀率试验

由此可知，在期初前 10h，采样土的体积减小速度较快，直到 10h 后趋于稳定，继续保持微小幅度减小，记录最终时间定为 28h。由此统计以上 5 个试验结果得出采样土的自由膨胀率为 178%，这表明在 PD1 勘探平洞中的全风化花岗岩具有遇水强膨胀特性。

3. 含水率试验

采样土的含水率测定采用烘干法进行。首先，取密封并运输至实验室的代表性试样 6.0～9.0kg，放置在干燥铝盘中称量，将试样盒铝盘放入烘箱，在温度 105～110℃下烘至恒重。接

着,待烘干后的试样和铝盘在干燥器内冷却至室温后,称干土质量。按式(2.1-2)计算含水率:

$$w = \left(\frac{m}{m_d} - 1\right) \times 100 \tag{2.1-2}$$

式中:w为含水率(%);m为湿土质量(g);m_d为干土质量(g)。

由此,共选取了 5 个代表性试样进行含水率试验,得到了全风化花岗岩的自然含水率为 13.0%。

4. 颗粒级配试验

根据地质勘探报告,全风化花岗岩采样土的颗粒分析试验采用全料进行筛分,设定其编号为 S-5,试样脱离试验模具筒时,主要借助锹镐和手锤等工具,难免对原始颗粒粒径有所破坏,最终获得的实际颗粒级配见表 2.1-1。

由表 2.1-1 可知,采样土中颗粒组成以粗粒组为主,粗粒组含量占总土质量 91.8%,其中砾粒含量在 82.9%,砂粒含量在 8.9%,而巨粒组和细粒组成分含量低,分别占总土质量的 4.3% 和 3.4%。此外,其对应的不均匀系数(C_u)为 28.0,曲率系数(C_c)为 4.3,属于不连续级配土。

全风化花岗岩采样土颗粒级配情况　　　　表 2.1-1

编号	巨粒组	砾粒			砂粒			细粒组		不均匀系数 C_u	曲率系数 C_c	土类定名
	粒径/mm											
	$d > 60$	$20 < d \leqslant 60$	$5 < d \leqslant 20$	$2 < d \leqslant 5$	$0.5 < d \leqslant 2$	$0.25 < d \leqslant 0.5$	$0.075 < d \leqslant 0.25$	$0.005 < d \leqslant 0.075$	$d \leqslant 0.005$			
	%	%	%	%	%	%	%	%	%	—	—	
S-5	4.3	48.6	30.5	4.3	5.2	1.7	2.0	1.9	1.5	28.0	4.3	级配不良砾土

2.1.3　试验方案

1. 重塑土颗粒级配

由于采样土颗粒整体尺寸较大,不能满足室内常规土力学试验标准尺寸约束(最大颗粒粒径不超过 2mm),参照《土工试验方法标准》GB/T 50123—2019[126]有必要采用等效替代法和相似级配法减小超粒径颗粒及缩尺带来的影响程度,为此确定了适用于室内力学试验的重塑土粒径配比情况,如图 2.1-5 所示,对应的具体级配参数见表 2.1-2。由此,获得的重塑土不均匀系数(C_u)和曲率系数(C_c)分别为 9.33 和 1.10,为颗粒级配良好土。

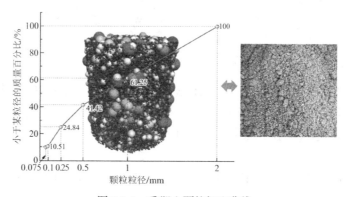

图 2.1-5　重塑土颗粒级配曲线

重塑土颗粒级配情况 　　表 2.1-2

名称	重塑土					
粒径/mm	$1 < d \leqslant 2$	$0.5 < d \leqslant 1$	$0.25 < d \leqslant 0.5$	$0.1 < d \leqslant 0.25$	$0.075 < d \leqslant 0.1$	$0 < d \leqslant 0.075$
配比/%	38.75	19.83	16.58	14.33	0.78	9.73

2. 试样制备与试验方案

按照颗粒级配曲线（图 2.1-5），采用重塑土制样，制备的试样尺寸规格为高度（h）50mm、直径（ϕ）50mm 的标准圆柱形试样，通过设置不同含水率、干密度等变量进行制样。其中，含水率取值包括 5.5%、8.0%、10.5%、13.0% 及 16.0% 五种情况，干密度取值包括 1.60g/cm³、1.70g/cm³、1.80g/cm³、1.90g/cm³ 四种情况（表 2.1-3）。在制样前，应先对采样土进行重塑，其步骤为：首先，选取一定量的采样土放置烤箱内保持 105℃恒温 16h 以上，取出碾碎后过 2mm 筛；然后，将筛分的 2mm 土料再次过颗粒级配范围尺寸筛，在均匀拌合后，按照确定的含水率称量水和要拌合的土材料，再次拌合均匀；最后，采用塑料薄膜袋封装拌合湿土，放入保湿缸养护 24h 以上，至此完成重塑的混合料。制样时，按照所需土料含量先后分 3 次放入制样模具进行压实，每层压实至少用木锤锤击 30 次以上；在压实成型后，用保鲜膜包裹试样在室内恒温箱（20℃）保湿至少 24h。对于无侧限抗压试验，为确保试验结果的准确性，每种试样制备 3 个平行样品，共制作了 20 组 60 个试样，其中含水率为 13.0%的试样样品如图 2.1-6 所示。

试样制备条件 　　表 2.1-3

尺寸（$D \times h$）/mm	干密度ρ_d/（g/cm³）	含水率w/%				
	1.60	5.5	8.0	10.5	13.0	16.0
50×50	1.70	5.5	8.0	10.5	13.0	16.0
	1.80	5.5	8.0	10.5	13.0	16.0
	1.90	5.5	8.0	10.5	13.0	16.0

图 2.1-6　含水率为 13.0%的试样样品

在试样制备程序全部完成后，采用 WDW-50 型微机控制电子万能试验机（图 2.1-7）对每组试样进行无侧限抗压试验，设定试验加载应变速率为 1.0mm/min。该试验机的最大载荷为 50kN，由应变控制模块控制施加轴向载荷，直至加载试样失效。在进行试件试验前，应对圆柱形试样端面进行打磨，使其表面光滑，以保证试件表面与施加的轴向载荷垂直。此外，为观察试样破坏后的行为特性，试验加载应变一般均超过 15%。

图 2.1-7　WDW-50 型微机控制电子万能试验机

3. 试验数据分析与整理

为了分析重塑试样的含水率、干密度等对其无侧限抗压强度的影响规律，首先需要将试验电子设备收集的数据进行相关换算，并按照规定的标准差进行最终确定。根据无侧限抗压试验规范，在每种试验条件下均设计 3 组平行试验，试验数据由计算机系统自动采集。试样无侧限抗压强度取应力应变曲线的峰值强度或者 15% 应变对应的强度。为此，式(2.1-3)给出无侧限抗压强度换算方法，即：

$$q_\mathrm{u} = \frac{P}{A}\tag{2.1-3}$$

式中：q_u 代表无侧限抗压强度（UCS）（MPa）；P 代表破坏荷载（N）；A 为试样的承压面积（m^2）。此外，UCS 相对标准偏差可表示为：

$$\mathrm{CV} = \left(\sqrt{\frac{1}{n}\sum_{i=1}^{n}(q_\mathrm{u} - \overline{q_\mathrm{u}})^2} \Big/ \overline{q_\mathrm{u}} \right) \cdot 100\%\tag{2.1-4}$$

式中：CV 为相对标准差（%）；$\overline{q_\mathrm{u}}$ 为三个同一种类试样的 UCS 平均值；n 为试样个数。需要注意的是，每组试验的允许相对标准偏差不能大于 10%，若不满足其标准应重新进行试验。

2.2　试验结果与分析

2.2.1　典型应力-应变关系

图 2.2-1 显示了不同含水率、干密度下的无侧限抗压试验应力-应变曲线。结果表明，应力-应变曲线经历了压实、弹性变形、塑性屈服和破裂四个阶段。值得注意的是，在前三个阶段，轴向应力与轴向应变的变化趋势相似，但第一阶段（压实变形）时间较长，产生的应变显著比岩体大，大多超过 2.0%，甚至超过 5.0%（即 $\rho_\mathrm{d} = 1.90\mathrm{g/cm}^3$，$w = 16\%$），对于试样在压实阶段的这种扩展特性的解释是由于其具有的较高孔隙率和含水率。与此同时，

图 2.2-2 显示了试样的应力-应变曲线类型，由此可知：在干密度和含水率改变时，全风化花岗岩峰后变形破裂阶段呈现出多种不同的变化趋势，即脆性（Ⅰ）、显著软化（Ⅱ）、延性软化（Ⅲ）。总体上讲，含水率越低，脆性破裂越明显，随着含水率的增长，试样变形破裂逐渐转变为具有一定残余强度的显著软化，最终转变为具有较高残余强度且具有较大应变量的延性现象；然而，不同干密度下的试样，其具有的峰值强度不同，但对应的曲线类型大致相同，这表明含水率的改变会直接影响全风化花岗岩试样的应力-应变曲线趋势，而干密度决定了其影响程度。

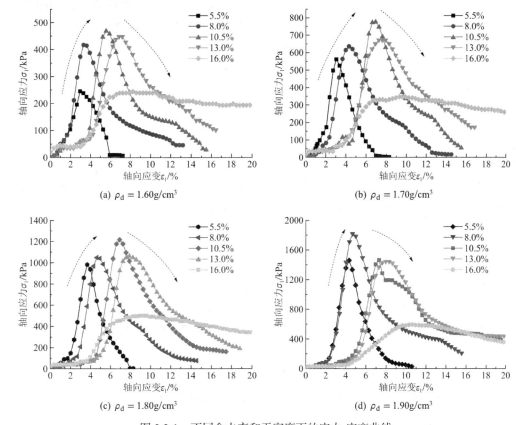

图 2.2-1　不同含水率和干密度下的应力-应变曲线

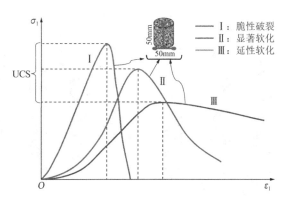

图 2.2-2　全风化花岗岩应力-应变曲线类型

另外，通过观察各种试验条件下试样的峰值应变可知，不同含水率的全风化花岗岩试样达到峰值强度时的应变相差较大，含水率的变化引起峰值应变变化范围较宽，主要

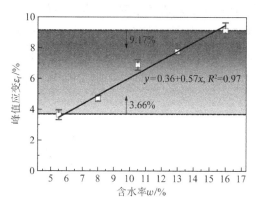

集中在 3.0%～11.0%范围之间，同时两者之间存在良好的线性关系。以干密度 1.80g/cm³ 为例，随着含水率的增大，其峰值应变由 3.66%逐渐增大到 9.17%，平均每增长 1.0%对应增长 0.55%的峰值应变，两者呈现线性关系的拟合度R^2为 0.97，如图 2.2-3 所示。这说明含水率的变化极易引起全风化花岗岩试样的变形破裂模型质的改变，低的含水率对应脆性破裂，高的含水率对应显著延性破裂，这点与图 2.2-2 所示曲线类型相呼应。

图 2.2-3　当干密度等于 1.80g/cm³ 时试样峰值应变随含水率的变化情况

2.2.2　无侧限抗压强度变化规律

根据图 2.2-1 所得应力-应变曲线结果，提取各自峰值强度获得了不同干密度和含水率条件下全风化花岗岩试样的峰值强度变化规律，具体如下：

1. 含水率对试样 UCS 的影响

图 2.2-4 表示的是含水率分别为 1.60g/cm³、1.70g/cm³、1.80g/cm³ 和 1.90g/cm³ 时，全风化花岗岩无侧限抗压强度随含水率增加的变化趋势。

观察图 2.2-4 可知，当同一干密度下，随着含水率的增加，试样 UCS 值总体上呈现先增大后减小的趋势，存在一个最优含水率使得 UCS 获得最大值，在较小干密度下对应的最优含水率为 10.5%，最大干密度（1.90g/cm³）对应的是 8.0%。这说明当含水率小于等于最优值时，试样含水率的增加有助于提高其 UCS 值，而超过此临界值后，持续升高的含水率引起的弱化作用开始显现，其 UCS 值逐渐减小且减小速率逐渐加快，尤其超过 13.0%后，对应的降低幅度最为显著。

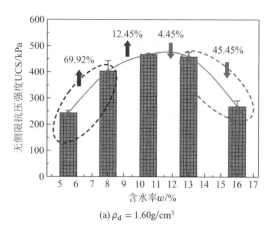

(a) $\rho_d = 1.60\text{g/cm}^3$

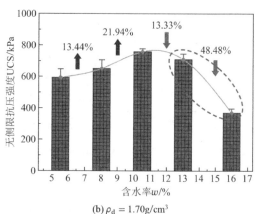

(b) $\rho_d = 1.70\text{g/cm}^3$

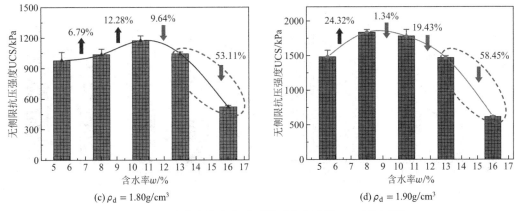

图 2.2-4　含水率的变化对不同干密度试样 UCS 影响规律

与此同时，通过统计计算获知，当干密度较小时［1.60g/cm³，图 2.2-4（a）］，含水率在[5.5%,8.0%]和[13.0,16.0%]范围内，试样的 UCS 值变化程度最为剧烈，分别陡增幅度和陡减幅度达到 69.92% 和 45.45% 且前者大于后者，而在[8.0%,13.0%]范围内，含水率的变化对试样 UCS 值的影响较为微弱，这可能是由于试样具有较大的孔隙率使得起初增加的空隙水承担了部分荷载，但含水率的不断增加并超过某一临界值（13.0%）后，崩解软化便开始生效。当干密度增加到 1.70g/cm³ 和 1.80g/cm³ 时［图 2.2-4（b）、图 2.2-4（c）］，含水率在[5.5%,10.5%]的前半程 5% 范围内，试样的 UCS 值增大程度显著小于后半程 5.5% 范围内降低的程度，后者的降低幅度主要由[13.0%,16.0%]范围决定。然而，当干密度达到最大值1.90g/cm³ 后，尽管其 UCS 值变化幅度的大致趋势同图 2.2-4（b）和图 2.2-4（c）情况相似，但含水率超过 13.0% 后降低幅度最大，同时对比其他干密度情况，整体上先增大后减小的变化幅度是最为明显的。由此可知，含水率增加对全风化花岗岩 UCS 影响绝非是有害的，甚至是有显著的增强效果，只有找到最优含水率并充分利用，方能对工程应用有所启示和帮助。

2. 干密度对试样 UCS 的影响

图 2.2-5 为含水率在[5.5%,16.0%]范围内，干密度对全风化花岗岩无侧限抗压强度的影响规律。

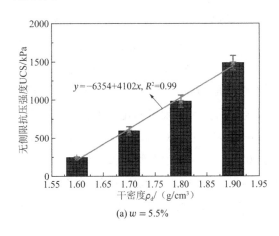

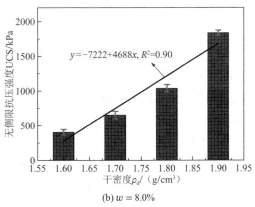

(a) $w = 5.5\%$　　　　　　　　　　　　　(b) $w = 8.0\%$

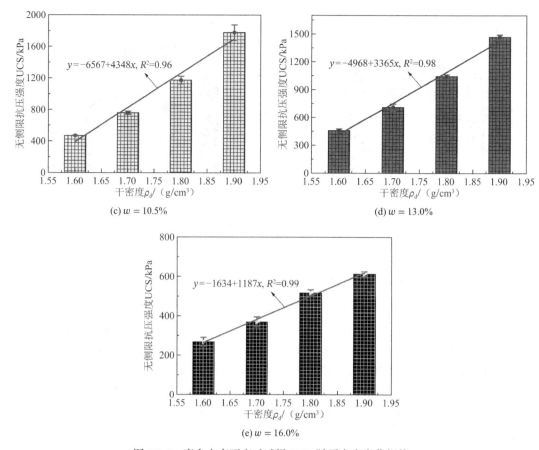

图 2.2-5　当含水率不变时试样 UCS 随干密度变化规律

明显地，当干密度愈大，试样 UCS 值也愈大，两者表现出良好的线性增长趋势，其较小值出现在干密度为 1.60g/cm³、含水率为 5.5%和 16.0%的情况下，而较大值则出现在干密度为 1.90g/cm³、含水率 8.0%和 10.5%处。对比各种含水率下的线性拟合曲线，含水率处于[5.5%,10.5%]之间时，试样 UCS 值的增长速率大致保持一致，增长速率平均为干密度每增加 0.1g/cm³，UCS 值增加 437.8kPa；含水率继续增大时，增长速率开始出现一定程度的减小，降幅达 23.16%。随后，试样 UCS 值的增长速率表现出急剧降低，减小至干密度每增加 0.1g/cm³，UCS 值仅增加 118.7kPa。由此可知，干密度的增加能直接提升全风化花岗岩的单向抗压强度，而含水率影响的是其增加速率，较低含水率时基本速率大致相同，一旦超过某一临界值（13.0%），即便继续增大试样密实度也不能扭转其持续低水平的抗压强度。

以上分析表明，含水率对全风化花岗岩无侧限抗压强度的影响存在一个最优值，低于最优值时提高含水率能起到补强效果，而超过最优值后便会表现出弱化现象，且不同干密度对应的最优含水率不等，较大干密度（1.90g/cm³）对应的是 8.0%，其他干密度对应的是 10.5%；同时，含水率也存在一个临界值（即 13.0%），一旦超过此临界值土体强度便急剧递减弱化。相比于含水率，干密度对土体强度的影响权重更大，主要表现为干密度与土体强度存在良好的正比关系，但不同含水率下干密度的影响程度不同。

2.2.3　变形破裂特征

在试验过程中，为更好地呈现全风化花岗岩试样的整个变形破裂过程及破坏结果，采用了 CCD（Charge-Coupled Device）相机[127]（Basler PiA2400-17gm）进行实时记录，继而探讨了影响因素对裂纹扩展特性的影响。其中，CCD 相机的分辨率为 2448×2050 像素，灰度为 8 位数字化，长度-像素比为 0.0935mm/像素。

1. 变形破裂过程

根据试验结果（图 2.2-1），为更好地说明全风化花岗岩土体具有的 3 种典型变形破裂模式（图 2.2-2），分别选取了在 $\rho_d = 1.70\text{g/cm}^3$、$w = 8.0\%$，$\rho_d = 1.90\text{g/cm}^3$、$w = 13.0\%$，$\rho_d = 1.60\text{g/cm}^3$、$w = 16.0\%$ 3 种不同干密度、含水率的试样作为代表给予了全程记录，并采用罗马数字进行标记，具体如图 2.2-6 所示。

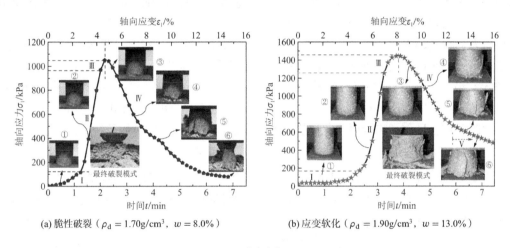

(a) 脆性破裂（$\rho_d = 1.70\text{g/cm}^3$，$w = 8.0\%$）　　(b) 应变软化（$\rho_d = 1.90\text{g/cm}^3$，$w = 13.0\%$）

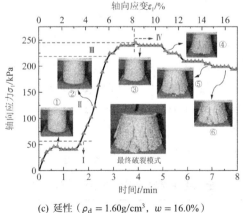

(c) 延性（$\rho_d = 1.60\text{g/cm}^3$，$w = 16.0\%$）

图 2.2-6　不同破裂模式下的试样破裂过程

总体上，无侧限抗压条件下试样呈现的典型应力-应变曲线可分为五个阶段，即孔隙压密阶段-Ⅰ、线弹性阶段-Ⅱ、屈服阶段-Ⅲ、变形破裂阶段-Ⅳ、残余变形阶段-Ⅴ。在阶段-Ⅰ中，试件首先被逐渐压实，对应的应变相对有明显改变，其平均值均超 2%，这与岩石材料完全不同。在阶段-Ⅱ中（线弹性阶段），应力随应变增长速度较快，但其总应变量小、持续时间短，与第一阶段较为相似。在达到峰值强度之前的屈服阶段，即阶段-Ⅲ，逐渐变得很短，甚至不明显［图 2.2-6（a）］，此阶段主要表现为微裂纹聚集并进一步扩展，直至达到峰值强度。当超过峰值强度后，试样便开始由表及里、由下向上产生宏观裂纹，进入变形破裂阶段-Ⅳ，此阶段内应力-应变表现为完全塑性特征，持续时间较长。由于残余变形阶段的显著差异，全风化花岗岩试样形成了显著脆性、软化及延性明显 3 种变形破坏模式，分别如图 2.2-6（a）、（b）和（c）所示。对于脆性破裂的试样没有或存在微小的残余强度，可将图 2.2-6（a）所代表曲线类型忽略不计其残余变形，即不存在残余变形阶段-Ⅴ；而对于显著软化［图 2.2-6（b）］、延性软化［图 2.2-6（c）］两种类型，在残余变形阶段试样仍然产生了较大的应变量和保持了较高残余强度水平，尤其是后者，对应的残余强度甚至基本接近峰值强度，即无侧限抗压强度。

另外，通过观察还可发现，试验完成后所有试样均产生了大量破裂的块体，要么完全破断为散状块体，要么与试样主体依然交织相连，这揭示了其剪切破坏的特征。在达到峰值应力（UCS）之前，试样表面未发现宏观裂纹痕迹，如图 2.2-6 中的标号①和②；在 UCS 后，试样首先会在底部表面区域产生宏观小裂纹（图 2.2-6 中的编号③），紧接着向上并同时向里进行扩展，外观形成几条不等长度的主裂纹，然后逐渐贯穿试件整体（图 2.2-6 中的编号④和⑤）。最后，对比试样最终破裂模式发现，具有较大残余强度的试样越完整［图 2.2-6（b）、图 2.2-6（c）中的编号⑥］，反映出该条件下的试样具有良好的塑性性能。因此，含水率和干密度的变化会显著影响全风化花岗岩试样的裂纹扩展过程和最终的破裂模式。

2. 宏观破裂特征

表 2.2-1 展示了在不同干密度和含水率条件下全风化花岗岩试样的最终破坏模式。

通过观察表 2.2-1 可得，全风化花岗岩试样的最终破裂形态主要表现出多种形态：纯剪切破坏、劈裂拉伸破坏及拉剪复合破坏，其中纯剪切破坏外观形式为上半部分的"倒三角形"形状（"▽"）和下半部分的"正三角形"（"△"）形状（简称"锥形"破裂），劈裂拉伸破坏表现为等直径的臌胀变形。显然，含水率位于 5.5%～10.5% 区间范围内，纯剪切破坏显而易见，特别是在含水率等于 5.5% 时，上下两个部分已经基本断裂。然而，含水率增大到 13.0% 后，试验后试样依然是个整体结构，随着干密度的增大，其变形破坏形式逐渐由纯剪切破坏逐渐过渡到拉剪复合破坏（$\rho_d = 1.90 \text{g/cm}^3$）形式，只有中间部分少数材料产生了剥离。接着，当含水率增大到 16.0% 时，试样径向表面一定厚度材料沿径向臌胀破裂成多个块状，但仍与主体相连成一体而没有剥离，较小干密度的试样外观类似于梯形，较大干密度试样外观类似圆状形，这些破裂形态主要是由于劈裂拉伸造成的。

全风化花岗岩试样变形最终破裂模式　　　　　　　　　　　表 2.2-1

$w/\%$	$\rho_d/$ (g/cm³)			
	1.60	1.70	1.80	1.90
5.5				

$w/\%$	$\rho_d/ \ (\mathrm{g/cm^3})$			
	1.60	1.70	1.80	1.90
8.0				
10.5				
13.0				
16.0		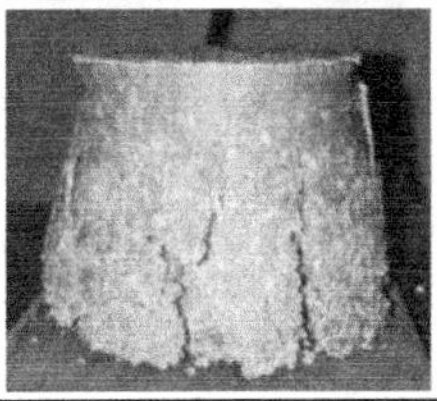		

由此可得，尽管全风化花岗岩试样的变形破裂模式既有剪切破坏又有劈裂拉伸破坏，但总体上以剪切破坏为主。含水率的改变影响的是土体最终破坏模式，含水率越低，剪切破坏形式越显著，其值越高，膨胀拉伸就占主导优势；而干密度主要控制试样裂纹扩展程度，随着其值增大，试样破裂程度越严重。

2.3　统计损伤本构模型

2.3.1　全风化花岗岩的非均匀破坏特征

1. 结构特征

本书研究的全风化花岗岩是一种类土材料，不同于一般的微风化/弱风化花岗岩，其结构是一个由多个层次组成的复杂体系，其结构性完全不同于花岗岩呈现的强连续介质特性，两者的结构特征如图 2.3-1 所示。重要的是，通过对无侧限抗压及三轴力学试验结果的分析，发现在各自荷载级别下两者呈现了显著不同的外观变形特征：常见微风化/弱风化花岗岩以脆性断裂为主，而全风化花岗岩则表现出由脆性—软化—硬化所构成的多样性特征，具体如图 2.3-2（a）所示。

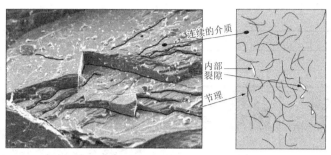

(a) 微风化或弱风化花岗岩

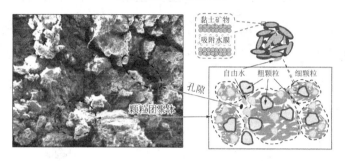

(b) 全风化花岗岩

图 2.3-1　不同风化强度花岗岩组成结构

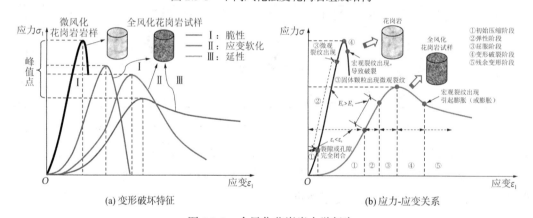

(a) 变形破坏特征　　　　　　　　　　(b) 应力-应变关系

图 2.3-2　全风化花岗岩力学行为

由此可知，岩石的变形以脆性断裂为主，而对于土体，不同荷载条件下可能出现脆性断裂、脆性软化、显著软化和显著应变硬化等多种破坏模式。尽管土和岩石的应力-应变曲线同时存在五个不同的变形阶段［图 2.3-2（b）］，但两者存在显著的不同点，如下：

（1）初始压缩阶段。相比微风化花岗岩等岩体，全风化花岗岩等土试样表现出较大的初始压密变形，对应的初始压密闭合点明显，即 $\varepsilon_b > \varepsilon_a$，本书中全风化花岗岩试验结果甚至出现最大为 5.0% 左右的应变量，占总应变比例较大，这是在分析全应力-应变曲线时万万不能忽视的，显然是由于土体存在较大孔隙率造成的。

（2）线弹性阶段。与初始压密阶段情况相反，岩体屈服前的线弹性阶段曲线很长，所占比例较大，同时对应的弹性模量 E_a 远远大于 E_b，但相应的应变增量并不比后者大，具体情况具体分析。另外，由于全风化花岗岩等土体材料的压缩过程中固体颗粒被持续性破碎，导致其线弹性阶段非常不明显，分析本章试验结果全应力-应变曲线可以明显看出。

（3）峰值点。在大多数情况下，全风化花岗岩的峰值强度（kPa 级）比弱风化花岗岩的峰值强度（MPa 级）低至少一个数量级以上，本章试样峰值强度大多小于 1.0MPa，最大值为 1.82MPa。同样，对应的峰值应变，前者较后者表现明显，这不仅与较大的初始压密值有关，还与较低弹性模量的线弹性阶段有关。

（4）峰后变形阶段。由本章试验结果可看出，全风化花岗岩均表现出显著的残余强度特性，即使对于发生脆性断裂情况，全风化花岗岩试样峰值后仍然具有一定的残余强度，而大多数岩体材料峰后曲线基本上骤然跌落，残余强度等于 0，这也是两者显著不同的方面。

2. 非协调性

根据损伤力学原理，土体结构可分为损伤体、未损伤体和内部孔隙三部分，其中损伤体和未损伤体由固体颗粒和水组成，内部孔隙意味着充满气体的空间，它们之间的相互关系如图 2.3-3 所示。由此，损伤体和未损伤体可以分别简化为能量元，并组合成具有一定长度的简化体，同时认为内部空洞是具有一定等效长度的无效元素。鉴于此，全风化花岗岩试样结构的长度可用式(2.3-1)表示：

$$l_0 = l_0^g + l_0^s \tag{2.3-1}$$

式中：l_0、l_0^g 和 l_0^s 分别代表了模型变形前内部孔隙和固体颗粒骨架的全长、等效长度。

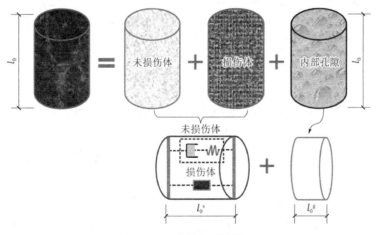

图 2.3-3　非结构变形模型

假设模型单元在应力作用下的变形值（即 σ_i）为 Δl，其中实心粒子骨架和内部空洞设置 Δl^s 和 Δl^g 分别为 Δl 参数测量如下：

$$\Delta l = \Delta l^s + \Delta l^g \tag{2.3-2}$$

因此，全风化花岗岩土结构系统的宏观应变方程可描述为：

$$\varepsilon_i = \Delta l / l_0 = (\Delta l^g + \Delta l^s) / l_0 \tag{2.3-3}$$

如果参数 l_0^s / l_0 定义为 α_0，那么内部孔隙的等效长度为 $(1 - \alpha_0) l_0$。接着，将式(2.3-1)和式(2.3-2)代入式(2.3-3)得到以下变形模型，即：

$$\varepsilon_i = \alpha_0 \varepsilon_i^s + (1 - \alpha_0) \varepsilon_i^g \tag{2.3-4}$$

式中：ε_i^s和ε_i^g分别是固体颗粒骨架和内部孔隙的应变。显然，式(2.3-4)所描述的土体结构的变形是不协调的，也说明变形模型符合实际情况是合理的。然而不难发现，该模型中所反映的两部分应变（即，ε_i^s和ε_i^g）很难通过常规力学试验确定，且无法用同一个准确的数学模型进行表达。为此许多学者提出了反映此类微观材料内部孔隙压实的宏观经验模型，包括 BB 双曲模型[128]、Malama 经典指数模型[129]、Swan 统一指数模型[130]、Swan 幂函数模型[130]和节理法向变形模型[131]等。其中，Rong 提出的节理法向变形模型是双曲型和指数型模型的优化模型，满足大多数非线性变形情况，其表达的试样轴向闭合变形的基本形式如下：

$$d_i = d_{imax}\left[1 - \left(\frac{\lambda\sigma_{1i}}{K_i d_{imax}} + 1\right)^{-\frac{1}{\lambda}}\right] \tag{2.3-5}$$

式中：σ_{1i}为轴向应力；d_i为轴向闭合位移；d_{imax}为最大的轴向闭合位移；K_i为初始切线刚度；λ为与材料孔隙率有关的模型参数，可通过试验结果进行拟合得到。通过变换式(2.3-5)后，可以得到：

$$\sigma_1 = \frac{K_i\varepsilon_{ic}}{\lambda}\left[\left(1 - \frac{\varepsilon_1}{\varepsilon_{ic}}\right)^{-\lambda} - 1\right], \varepsilon_1 < \varepsilon_{ic} \tag{2.3-6}$$

式中：轴向应力σ_1等于σ_{1i}，在初始变形过程中，对应于轴向应变。随着轴向应力σ_1的增加，当内部孔隙轴向累积变形为最大闭合变形d_{imax}时应变ε_i接近ε_{ic}。所以，对于含有内部缺陷（如节理、裂隙及孔隙）的材料满足式(2.3-6)所具备的初始条件，也适用于含有固-液-气三相松散体系的全风化花岗岩材料。

2.3.2　本构模型构建

一般来说，常规材料（如岩体和混凝土）的损伤是由其内部微裂纹的发展和渗透引起的。根据 Lemaitre 的应变等效假设原理[132,133]，有效应力可以表征损伤对固体颗粒骨架应力和应变的影响，这意味着损伤体上名义应力产生的应变等于未损伤体上有效应力产生的应变。

$$[\sigma_1'] = [I - D][\sigma_1^*] = [I - D][C][\varepsilon_1'] \tag{2.3-7}$$

式中：$[\sigma_1']$为轴向名义应力矩阵（kPa）；$[\sigma_1^*]$为有效应力矩阵（kPa）；$[I]$为单位矩阵，等于 1；D是损伤变量；$[C]$是弹性矩阵（MPa）；$[\varepsilon_1']$为轴向应变矩阵（%）。

明显地，由式(2.3-7)可知，当材料进入完全损伤状态时，$D = 1$，$[\sigma_1'] = 0$，意味着残余强度等于 0kPa。不难发现，全风化花岗岩进入峰值后破坏阶段后，承载力来源于宏观断裂面以及颗粒之间的摩擦力，当超过一定应变值后，其值随应变增加而缓慢变小，最终保持在一个较为稳定的值，即残余强度[134]，记为R_r。进而，为了建立基于轴力作用下具有残余强度特性的本构关系，对式(2.3-7)进行修改为：

$$[\sigma_1'] = [I - D][\sigma_1^*] = [I - D][C][\varepsilon_1'] + [R_r]D \tag{2.3-8}$$

式中：$[R_r]$为残余强度矩阵。

对于非线性的岩土材料，假设其固体颗粒骨架的损伤概率密度函数服从 Weibull 分布，则其变形损伤呈现随机性的渐进演化，表示为：

$$P(F) = \begin{cases} \dfrac{m}{F_0}\left(\dfrac{F}{F_0}\right)^{m-1} \exp\left[-\left(\dfrac{F}{F_0}\right)^m\right] & F \geqslant 0 \\ 0 & F < 0 \end{cases} \tag{2.3-9}$$

式中：F 是微元素强度的分布变量；m，F_0 是形状参数和尺度参数。假设在一定的轴向应力水平 F 作用下，所有的微元数和被破坏的微元数分别为 N 和 N_t，损伤变量可用式(2.3-10)表示：

$$D = \frac{N_t}{N} = \int_0^F P(x)\mathrm{d}x = 1 - \exp\left[-\left(\frac{F}{F_0}\right)^m\right] \tag{2.3-10}$$

假设微观单位强度满足最大拉伸应变屈服准则，该准则可写成[135]：

$$F = f(\varepsilon_1') = \varepsilon_1' \tag{2.3-11}$$

式中：参数 ε_1' 表示反映固体颗粒骨架变形的最大应变。将式(2.3-10)代入式(2.3-11)，固体颗粒骨架的载荷损伤变量 D 为：

$$D = 1 - \exp\left[-\left(\frac{\varepsilon_1}{F_0}\right)^m\right] \tag{2.3-12}$$

根据第 2.1 节内容，由于土材料具有显著初始孔隙压缩应变，所以只有当应变 ε_1 超过初始应变 ε_{ic} 时，方能满足以上损伤本构条件。此时，若定义初始应变值所在点坐标 $(\varepsilon_{ic}, \sigma_{ic})$ 为初始阈值点，则用新的坐标系来表示固体颗粒骨架的变形过程，如图 2.3-4 所示。其中，σ_{pk}、ε_{pk} 分别为峰值压缩强度、峰值应变，E_t 为线弹性阶段模量，σ_r 为残余强度。

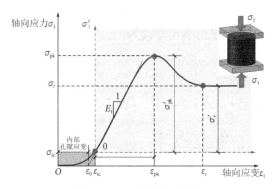

图 2.3-4　坐标转换示意图

进而，在式(2.3-9)和式(2.3-12)中的应变 ε_1 应做出转换并满足下列条件：

$$\langle \varepsilon_1 - \varepsilon_{ic} \rangle = \begin{cases} 0 & \varepsilon_1 - \varepsilon_{ic} < 0 \\ \varepsilon_1 - \varepsilon_{ic} & \varepsilon_1 - \varepsilon_{ic} \geqslant 0 \end{cases} \tag{2.3-13}$$

根据式(2.3-12)和式(2.3-13)，可以得到损伤变量 D 的以下关系式：

$$D = 1 - \exp\left\{-\left[\frac{\langle \varepsilon_1 - \varepsilon_{ic} \rangle}{F_0}\right]^m\right\} \quad \varepsilon_1 \geqslant \varepsilon_{ic} \tag{2.3-14}$$

与此同时值得一提的是，实际应力 σ_1 在初始压实阶段后作用在固体颗粒骨架上的应力并不是瞬时应力 σ_1，而是瞬时应力 σ_1 与闭合时应力值 σ_{ic} 两者的差值，即：

$$\sigma_1' = \sigma_1 - \sigma_{ic} \tag{2.3-15}$$

将式(2.3-13)、式(2.3-15)代入式(2.3-8)，得到固体颗粒骨架的下列方程式。

$$\sigma_1 = E_t\langle\varepsilon_1 - \varepsilon_{ic}\rangle\left\{1 - \left\{1 - \exp\left[-\frac{\langle\varepsilon_1 - \varepsilon_{ic}\rangle}{F_0}\right]^m\right\}\right\} +$$

$$\left(1 - \exp\left[-\frac{\langle\varepsilon_1 - \varepsilon_{ic}\rangle}{F_0}\right]^m\right)R_r + \sigma_{ic}, \varepsilon_1 \geqslant \varepsilon_{ic} \qquad (2.3\text{-}16)$$

然而重要的是，对于全风化花岗岩等土材料，在压缩过程同时伴随着颗粒的持续破碎，完全不同于适用于一般岩体的损伤本构模型［式(2.3-17)］，必须对其进行修正，为此借助文献[136]提供的修正岩石损伤本构模型思路，通过添加待定参数（k、u、ν）给予适当修正，即：

$$\sigma_1 = E_t\langle\varepsilon_1 - \varepsilon_{ic}\rangle^k\left\{1 - \left(1 - \exp\left[-\left(\frac{\langle\varepsilon_1 - \varepsilon_{ic}\rangle}{F_0}\right)^m\right]\right)^u\right\}^\nu +$$

$$\left\{1 - \exp\left[-\left(\frac{\langle\varepsilon_1 - \varepsilon_{ic}\rangle}{F_0}\right)^m\right]\right\}R_r + \sigma_{ic}, \varepsilon_1 \geqslant \varepsilon_{ic} \qquad (2.3\text{-}17)$$

式中：参数k、u及ν等为试验材料参数，皆为无量纲的参数。根据峰值求导方法，对应的 Weibull 分布m、F_0的计算公式应修改为：

$$\begin{cases} m = \dfrac{1}{\ln\dfrac{E_t\langle\varepsilon_{pk} - \varepsilon_{ic}\rangle}{\langle\sigma_{pk} - \sigma_{pk}\rangle}} \\ F_0 = \dfrac{\langle\varepsilon_{pk} - \varepsilon_{ic}\rangle}{\left(\dfrac{1}{m}\right)^{\frac{1}{m}}} \end{cases} \qquad (2.3\text{-}18)$$

联立式(2.3-17)、式(2.3-18)可得，反映全风化花岗岩等土材料具有显著初始应变、残余强度等特征的全应力-应变曲线损伤本构方程为：

$$\sigma_1 = \begin{cases} \dfrac{\varepsilon_1}{a + b\varepsilon_1 + c\varepsilon_1^2}, & \varepsilon_1 < \varepsilon_{ic} \\ E_t\langle\varepsilon_1 - \varepsilon_{ic}\rangle^k\left\{1 - \left(1 - \exp\left[-\left(\dfrac{\langle\varepsilon_1 - \varepsilon_{ic}\rangle}{F_0}\right)^m\right]\right)^u\right\}^\nu + \\ \left\{1 - \exp\left[-\left(\dfrac{\langle\varepsilon_1 - \varepsilon_{ic}\rangle}{F_0}\right)^m\right]\right\} \cdot (R_r - \sigma_{ic}) + \sigma_{ic}, & \varepsilon_1 \geqslant \varepsilon_{ic} \end{cases} \qquad (2.3\text{-}19)$$

至此，建立出考虑具有显著初始压密及残余应力等特征的修正统计损伤本构模型，其中的模型参数包含两个部分，其一为初始压密阶段的参数λ，其二为考虑损伤的方程包含k、u及ν三个参数，可通过全风化花岗岩的无侧限抗压试验结果进行拟合确定。

2.3.3 模型的验证与分析

为了验证本章提出本构模型的可靠性与合理性，将对全风化花岗岩试样的无侧限抗压条件下全应力-应变曲线进行对比分析。首先，利用试验数据进行标准化处理可得到基本的力学参数，具体见表 2.3-1。其次，基于式(2.3-19)的本构模型获得了本构模型参数（表 2.3-2），由此得出无侧限抗压条件下全风化花岗岩全应力-应变曲线。图 2.3-5 显示了不同干密度下改变含水率时全风化花岗岩无侧限压缩实测全应力-应变数据与利用式(2.3-19)计算得到的全应力-应变曲线。

不同含水率、干密度下试样力学参数指标　表 2.3-1

试样编号	ε_{ic}/%	σ_{ic}/kPa	E_i/kPa	σ_{pk}/kPa	ε_{pk}/%	E_t/kPa	σ_r/kPa
D_M_11	1.02	35.65	160.48	245.48	2.98	14329	7.64
D_M_12	1.68	84.03	388.98	417.11	3.32	25989	89.64
D_M_13	3.64	111.54	163.16	469.06	5.6	25696	53.99
D_M_14	4.28	86.58	465.04	448.18	7.24	19533	188.44
D_M_15	3	40.74	478.49	244.46	8.28	9213	198.63
D_M_21	1.74	139.04	197.00	562.26	3.04	49268	8.66
D_M_22	2.36	116.12	173.83	636.11	4.3	34984	107.46
D_M_23	4.3	77.92	163.16	775.66	6.92	40294	229.69
D_M_24	4.3	122.23	551.22	672.27	7.58	28718	234.28
D_M_25	3.68	76.39	399.11	361.32	8.28	10684	259.74
D_M_31	2.02	146.17	268.76	982.43	3.66	61641	1.53
D_M_32	2.32	95.24	185.13	1049.15	4.62	60869	153.80
D_M_33	4.6	127.32	155.45	1218.24	6.9	56334	185.89
D_M_34	5.28	173.16	554.12	1064.43	7.9	56014	276.88
D_M_35	3.64	71.30	310.43	499.11	9.28	17762	341.23
D_M_41	2.34	142.60	173.34	1463.72	4.32	95310	68.24
D_M_42	2.4	147.19	396.98	1819.71	4.66	90761	382.99
D_M_43	4.66	179.78	238.75	1465.24	7.28	67981	481.28
D_M_44	4.98	173.16	408.25	1446.4	7.94	71576	443.09
D_M_45	4.32	66.21	418.38	600.97	10.6	11431	331.04

本构模型参数　表 2.3-2

试样编号	a	b	c	m	F_0	k	u	ν
D_M_11	0.1267	−0.0928	−0.0032	3.4303	2.8075	0.7335	0.3037	1.258
D_M_12	0.0527	−0.0343	0.0088	4.0556	2.3162	0.4947	0.4582	0.4246
D_M_13	0.0708	−0.0011	−0.0009	4.4530	2.7411	0.4877	0.4842	0.4731
D_M_14	0.0442	0.0176	−0.0038	1.8846	4.5910	2.0043	1.9494	1.9494
D_M_15	0.0526	0.0359	−0.0093	1.1489	5.9581	1.0577	1.3562	1.3562
D_M_21	0.0518	−0.0464	0.0137	2.4135	1.8728	1.0351	0.7981	0.7981
D_M_22	0.101	−0.0655	0.0133	3.1544	2.7595	0.541	0.5058	0.4939
D_M_23	0.0380	0.0081	−0.0019	2.4141	3.7744	0.5621	0.3612	0.3612
D_M_24	0.0220	0.0256	−0.0052	1.8589	4.5785	0.9839	1.0707	1.0707
D_M_25	0.0325	0.0252	−0.0059	1.8344	6.4032	0.6940	0.9430	0.9430
D_M_31	0.029	−0.0098	0.0012	5.2723	2.2479	0.5657	0.4738	0.4326
D_M_32	0.1202	−0.0741	0.0142	2.6083	3.3217	0.6242	0.6655	0.7059
D_M_33	0.0167	0.0327	−0.0061	1.8986	3.2239	0.5657	0.4738	0.4326
D_M_34	0.0168	0.0318	−0.0055	1.8153	3.6387	0.7574	0.8417	0.8417
D_M_35	0.1128	−0.0261	0.0025	1.1753	6.4709	1.0016	1.2344	1.2344
D_M_41	0.0417	−0.0076	−0.0014	2.8052	2.8599	0.8991	0.9372	0.9623

试样编号	a	b	c	m	F_0	k	u	ν
D_M_42	0.0205	0.0037	−0.0021	4.8997	3.1258	0.6396	0.5794	0.5581
D_M_43	0.0480	0.0028	−0.0016	3.0664	3.7757	0.5101	0.5835	0.5835
D_M_44	0.0654	0.0140	−0.0043	1.9638	4.1739	0.8788	0.9606	0.9606
D_M_45	0.0779	0.0238	−0.0062	3.3960	9.0014	0.8755	0.8751	0.8710

从图 2.3-5 中可以看出，本章所建立的无侧限压缩条件下不同干密度、含水率的全风化花岗岩本构模型理论曲线与试验实测的应力-应变数据曲线总体吻合度较好，不仅能够定性地反映其阶段性特征，即初始压密、线弹性、屈服硬化、应变软化和残余强度 5 个变形阶段，还能定量地描述初始压密阈值、弹性模量、峰值强度、峰值应变等关键性力学指标。然而，对于峰后软化尾端残余强度阶段，本章模型曲线与试验数据存在一定的误差，出现该现象的原因在于个别显著软化情况对应着不明显的残余强度，从而人为主观地确定了对应的残余强度值，这与试验材料本身属性有密切关系。但总体来说，本章模型能够充分反映全风化花岗岩变形的全过程，结果可靠性高。

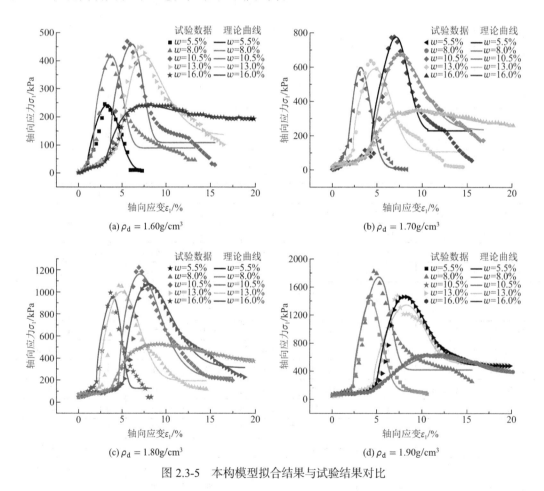

图 2.3-5　本构模型拟合结果与试验结果对比

进一步地为了考察本章所构建本构模型的合理性与可行性，基于全风化花岗岩试验结果的特征性，特以不考虑残余强度、不考虑初始孔隙及未修正参数三种情况时与所建本构模型［式(2.3-19)］之间存在的区别性特征，在此分别取脆性和延性特征较为明显的两种典型情况做出对比分析。图 2.3-6 分别展示了干密度为 1.60g/cm³、含水率为 5.5% 及干密度为 1.80g/cm³、含水率为 16.0% 时所建本构模型条件改变时与试验数据的对比结果，对应的模型参数见表 2.3-3。为了叙述方便，记本章所建本构模型、不考虑残余强度模型、不考虑初始孔隙模型及未修正参数模型分别为模型 1、模型 2、模型 3 和模型 4。

不同条件下对应的模型参数　　　　　　　　　　表 2.3-3

试样序号	改变条件	a	b	c	m	F_0	k	u	ν
D_M_11	Ⅰ	0.1267	−0.0928	−0.0032	3.4303	2.8075	0.7335	0.3037	1.258
	Ⅱ	0.1267	−0.0928	−0.0032	3.4303	2.8075	0.7465	0.6981	0.6981
	Ⅲ	0	0	0	1.8064	4.1342	1.0729	1.2023	1.2023
	Ⅳ	0.1267	−0.0928	−0.0032	3.4303	2.8075	1	1	1
D_M_35	Ⅰ	0.1128	−0.0261	0.0025	1.1753	6.4709	1.0016	1.2344	1.2344
	Ⅱ	0.1128	−0.0261	0.0025	1.1753	6.4709	0.8509	0.8426	0.8426
	Ⅲ	0	0	0	0.8370	7.5034	0.3671	0.8662	0.8662
	Ⅳ	0.1128	−0.0261	0.0025	1.1753	6.4709	1	1	1

注：改变条件中所列序号分别表示为：Ⅰ—本构模型；Ⅱ—不考虑残余强度；Ⅲ—不考虑初始压密；Ⅳ—未修正参数。

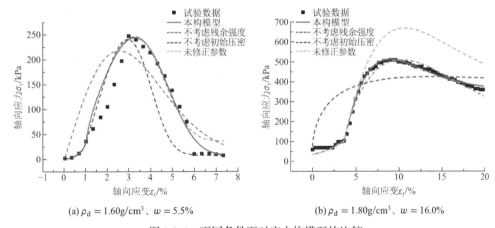

(a) $\rho_d = 1.60\text{g/cm}^3$、$w = 5.5\%$　　　　　　(b) $\rho_d = 1.80\text{g/cm}^3$、$w = 16.0\%$

图 2.3-6　不同条件下对应本构模型的比较

根据图 2.3-6，对比模型 1 可知，模型 2 除了残余强度阶段存在较大误差外，其他变形阶段与模型 1 基本一致，是最为接近拟合试验数据的本构模型，但与岩体材料不同的是残余强度作为土材料具备的显著特征，在工程应用上不能被忽视。模型 3（未修正）能定性反映全风化花岗岩初始压密、线弹性特征，但无法反映屈服硬化、峰值及峰后阶段变形特性，可见适用于岩体的损伤本构模型曲线会严重偏离峰值及峰后试验数据，这显然是由于全风化花岗岩较大的应变量造成的。而对于模型 4，若不考虑初始压密阶段的话，尽管模型曲线能反映出对应的弹性模量，但其曲线全部严重偏离试验数据，这显然是不可取的。以上对比结果说明，在保持峰值点法确定的参数 m、F_0 不变的情况下，通过引入修正参数 k、u、ν 等来产生对适用于岩体损伤本构模型的影响，同时添加反映初始压密过程的理论方法，从而使其能够准确描述全风化花岗岩等土类材料的初始压密、峰后变形破坏等显著性特征，这在一定程度上表明了本章所建本构模型的合理性与可行性。

此外，根据式(2.3-14)可得到不同干密度、不同含水率下的全风化花岗岩损伤变量随轴向应变ε_1的演化曲线，如图 2.3-7 所示。从图 2.3-7 可看出，尽管不同干密度、含水率下全风化花岗岩试样的初始应变阈值不同，引起了对应的损伤变量起始位置不同，但总体上试样损伤变量随着轴向应变ε_1的增加主要呈现"S"形单调递增趋势。不同的是，同一干密度下含水率处于[5.0%,10.5%]范围内，损伤变量的变化趋势基本一致，尤其是其中间上升段（简称过渡段）表现出陡增，对应的轴向应变也较短，说明此含水率范围内试样屈服达到峰值后脆性特征明显。而当含水率达到 13.0%（自然含水率）时，损伤变量曲线过渡段开始出现明显减缓趋势，伴随着较大的轴向应变增量，反映了试样峰值后出现较为显著的应变软化现象。进而，当试样的含水率继续增大到较大含水状态后（16.0%），可明显看出，损伤变量呈现出较为宽泛的缓慢上升段，甚至"S"形曲线转变为"上凸"形形状，对应的最终值小于"1"，这可能是由于试样存在较大残余强度且与峰值强度较小差值引起的，对应的峰后应力-应变曲线也表现出明显延性特征。由以上分析可知，当含水率、干密度不同时，全风化花岗岩损伤变量的演化过程表现出不同的趋势特征。

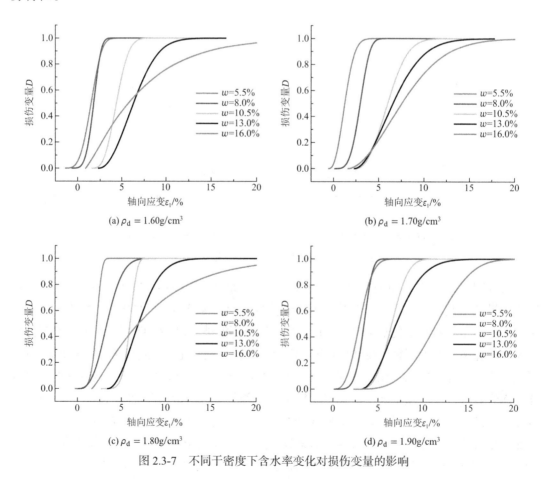

(a) $\rho_d = 1.60\text{g/cm}^3$　　(b) $\rho_d = 1.70\text{g/cm}^3$

(c) $\rho_d = 1.80\text{g/cm}^3$　　(d) $\rho_d = 1.90\text{g/cm}^3$

图 2.3-7　不同干密度下含水率变化对损伤变量的影响

2.4　本章小结

基于一系列无侧限抗压试验，本章全面研究了在环境变量——干密度、含水率变化下全风化花岗岩重塑样在单向应力状态下力学行为特性，并基于损伤力学理论框架构建了相适应的统计损伤本构模型，给予了模型验证与讨论，得到的主要结论如下：

（1）相比微风化花岗岩，全风化花岗岩的应力-应变曲线呈现出脆性、显著软化、延性软化等多样化趋势，每种条件下存在显著的初始压密阶段，其应变量主要为 2%～5%范围内。含水率的不同决定了曲线类型，而干密度主要影响其变动幅度。

（2）随着含水率增加，试样 UCS 值总体上呈现先增大后减小的趋势，存在一个最优含水率使 UCS 值取得最大值，较小干密度时对应的是 10.5%，较大干密度时对应的是 8.0%。同时，含水率也存在一个临近值，即 13.0%，一旦超过此临界值土体强度便急剧递减弱化。相比于含水率，土体强度对干密度的反应较为敏感，两者存在良好的正比关系，但不同含水率下其增长速率不同。

（3）全风化花岗岩试样的变形破裂模式既有剪切破坏又有劈裂拉伸破坏，但总体以剪切破坏为主，含水率影响的是最终破坏模式，干密度主要控制裂纹扩展程度。含水率越低，剪切破坏形式越显著，其值越高，臁胀劈裂拉伸就占主导优势；而干密度越大，试样破裂程度越严重。

（4）通过修正岩体损伤本构模型，构建了与全风化花岗岩土体相适应的统计损伤本构模型，该模型能够定性反映出全风化花岗岩试样具有初始压密、峰后变形破坏等显著的阶段性特征，还能定量描述初始压密阈值、弹性模量、峰值强度、峰值应变等关键性力学指标。通过对比其他类似模型，借助损伤变量规律，验证了所建本构模型的合理性与可行性。

第 3 章

全风化花岗岩三轴力学特性及本构模型

第 2 章在阐述全风化花岗岩无侧限抗压试验的基础上，构建了适合单向应力状态下的统计损伤本构模型。试验应力加载过程是不固结不排水的快剪方式，模拟的应力状态是地下隧洞开挖卸荷到支护施加前期围岩主要面临的单向应力状态。然而，现场围岩体在原岩应力状态或支护后的运营期间长期处于三向应力状态，土体中的孔隙水压力可及时全部消散，故排水固结条件下的力学强度与稳定性更具有实用性和代表性，但目前针对地下隧洞围岩为全风化花岗岩的相关研究依然鲜见于文献。由此可见，结合地下水力环境开展固结排水条件下的全风化花岗岩力学行为研究十分必要。

本章将开展不同含水率、干密度、围压等环境变量下，全风化花岗岩重塑土的固结排水试验研究，分析环境变量对三向应力状态下全风化花岗岩力学强度与变形破裂模式的影响规律，然后运用弹塑性理论推导与此对应的力学本构方程，并验证其合理性，从而为后续支护控制技术的数值模拟研究提供理论支撑。

3.1 试验方法

3.1.1 试样制备

同第 2 章，本章试验材料为同一批取自现场的全风化花岗岩土材料，试样的颗粒级配同无侧限抗压试验情况（图 2.1-5），其重塑制备方法依然参照《土工试验方法标准》GB/T 50123—2019[126]规定的试验步骤执行，规定的试样尺寸标准为直径（ϕ）39.1mm、高度（h）80mm 的圆柱体。在制样前，重塑土混合料的配置同第 2.1.3 节所述，并保持 24h 以上的养护时间；制样时，按照每个试样标准称取所需土料重量，均分成 5 份先后放入制样模具中进行压实，并在上下层之间适当刮毛，完成脱膜后标号；制样完成后，将制备样再次放入保湿缸内进行养护，养护时间至少为 24h。

然而，在制样过程中发现，由于该类重塑土含有强膨胀性黏土，在低含水率状态下制样时粘结力极小，松散破碎，而在高含水率状态下黏性较大，与三板模黏合在一起很难脱落，所以在脱模时极易造成试样的不完整性，导致报废率较高。鉴于上述常规三轴制样器对此类土制样时存在的显著缺陷，发明设计了一整套适用于特殊土料的试样制作、拆卸一体化装置[137]，如图 3.1-1 所示。该装置利用压杆机构按压土料，利用定位砝码来控制土料力学试样的厚度，保证各土料试样厚度均等，在试样制作完成后，通过按压底端垫片实现土料力学试样的轻松脱模，使得制作、拆卸轻松便捷，且能够降低土料力学试样的报废率，提高成样率。

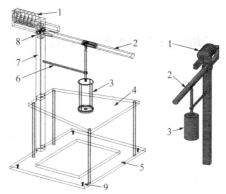

1—定位砝码；2—压杆结构；3—制样、拆卸模具；4—制样平台；5—底座；
6—导线杆；7—链接杆；8—转动销；9—定位螺母

图 3.1-1　用于特殊黏土的制样、拆卸一体化装置[137]

3.1.2　试验设备与方案

结合现场水力环境，本章试验将采用固结排水（CD）方式对全风化花岗岩展开三向应力状态下的力学强度和变形特征研究，试验仪器为 TSZ-1 应变控制式三轴仪（最大轴向载荷：10kN；最大围压σ_c：800kPa；孔压u：$0\sim1$MPa；体积变化Δv：$0\sim25$mL），具体实物及结构简图如图 3.1-2 所示。根据制样干密度情况、设备自身围压约束，并结合现场地下水力环境，将考虑设置 4 种围压、4 种制样干密度以及从干燥到饱和过程的 5 种含水率作为3 个重要的环境变量；同时，设定试验剪切速率为 0.015mm/min 固定不变，试验终止标准为试样的轴向应变达到 25%，具体的试验方案见表 3.1-1。

(a) 实物

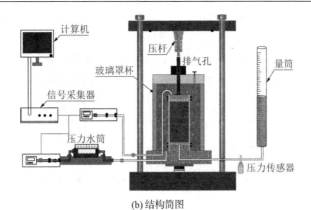

(b) 结构简图

图 3.1-2　TSZ-1 全自动三轴仪

另外，根据图 3.1-3 所示不同类型的试验应力加载路径，当应力-应变出现峰值时（曲线①，应变软化型），取峰值对应的最大偏应力差$(\sigma_1 - \sigma_3)_{max}$作为破坏偏应力$(\sigma_1 - \sigma_3)_f$，而其曲线终值$(\sigma_1 - \sigma_3)_r$代表其残余强度；当应力-应变出现持续硬化型时（曲线②），即不存在峰值$(\sigma_1 - \sigma_3)_{max}$，取轴向应变$\varepsilon_1$的 15% 为破坏偏应力$(\sigma_1 - \sigma_3)_f$[138-140]。

非饱和状态下常规三轴试验方案　　　　　　　　　　　表 3.1-1

试验类别	试验组号	含水率	干密度/（g/cm³）	围压/kPa	颗粒级配	轴向应变率/（mm/min）
固结排水	CD-Ⅰ	3.0	1.60	100	参照图 2.1-5	0.015
		3.0	1.70	200		
		3.0	1.80	400		
		3.0	1.90	600		
	CD-Ⅱ	8.0	1.60	100		
		8.0	1.70	200		
		8.0	1.80	400		
		8.0	1.90	600		
	CD-Ⅲ	13.0	1.60	100		
		13.0	1.70	200		
		13.0	1.80	400		
		13.0	1.90	600		
	CD-Ⅳ	16.0	1.60	100		
		16.0	1.70	200		
		16.0	1.80	400		
		16.0	1.90	600		
	CD-Ⅴ	23.0	1.60	100		
		23.0	1.70	200		
		23.0	1.80	400		
		23.0	1.90	600		

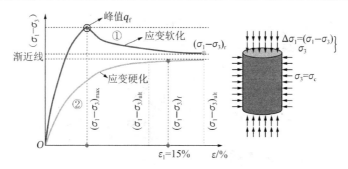

图 3.1-3 三轴剪切试验应力加载路径及应力状态

3.2 试验结果与分析

3.2.1 偏应力-应变关系

图 3.2-1～图 3.2-5 显示了不同含水率、不同干密度的试样在改变围压时呈现的全应力-应变曲线情况。显然，在影响因素：含水率、干密度、围压等变化时，试样全应力-应变趋势存在包含了应变软化、应变-稳定、应变-硬化及脆性破裂等一系列情况，其中含水率能显著导致这种变形趋势的改变，而干密度和围压的作用在于在一定程度上影响了这种趋势的改变程度。

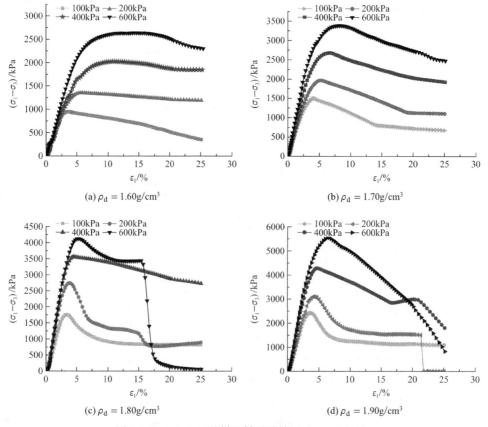

图 3.2-1 CD-Ⅰ组试样三轴试验结果（$w = 3.0\%$）

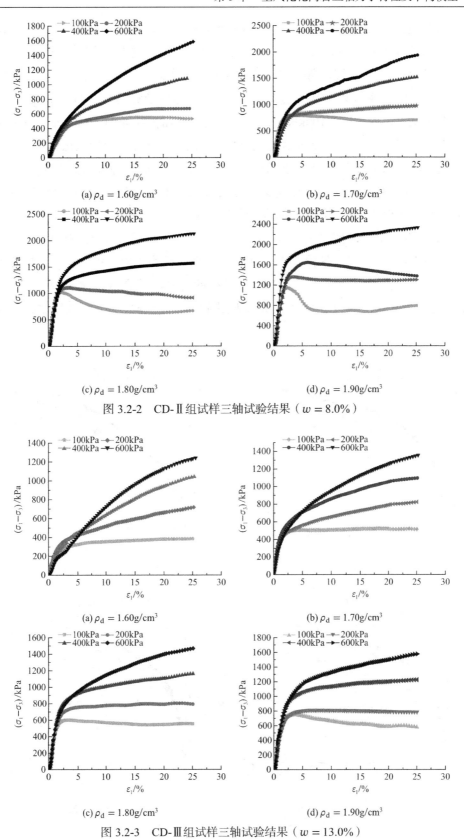

(a) $\rho_d = 1.60\text{g/cm}^3$

(b) $\rho_d = 1.70\text{g/cm}^3$

(c) $\rho_d = 1.80\text{g/cm}^3$

(d) $\rho_d = 1.90\text{g/cm}^3$

图 3.2-2　CD-Ⅱ组试样三轴试验结果（$w = 8.0\%$）

(a) $\rho_d = 1.60\text{g/cm}^3$

(b) $\rho_d = 1.70\text{g/cm}^3$

(c) $\rho_d = 1.80\text{g/cm}^3$

(d) $\rho_d = 1.90\text{g/cm}^3$

图 3.2-3　CD-Ⅲ组试样三轴试验结果（$w = 13.0\%$）

具体地，随着干密度的增加，干燥试样（$w = 3.0\%$）主要呈现出由一般应变软化到显著软化转变，部分伴随脆性断裂特征；同一干密度下，围压越大，试样的瞬时偏应力相对较高，除个别较小的残余强度外。当含水率增长到 8.0%时，试验没有了脆性破裂特性，整体上表现出由应变软化→应变稳定型→应变硬化型趋势转变；同时，当干密度为 [1.60,1.80]范围时，低围压（100kPa、200kPa）与高围压（400kPa、600kPa）下试样变形趋势两端分化，表现为高围压下显著应变硬化，而低围压下显现应变软化现象。天然含水率条件下（$w = 13.0\%$），随着干密度的增大，试样全应力-应变趋势同上（$w = 8.0\%$），而两者的区别在于低围压下应变软化现象显著减弱，外观类似于应变稳定型，同时各种围岩条件下变化趋势均匀化，尤其是屈服阶段后两瞬时偏应力差值趋于一致性。当含水率增大到 16.0%时，除特殊情况（$\sigma_3 = 100\text{kPa}$、$\rho_d = 1.90\text{g/cm}^3$），试样的全应力-应变趋势集中转变为应变硬化类型，各种围压下应力-应变曲线较为集中。然而，当试样处于饱和含水状态时，此时含水率平均值为 23.0%，试样的应力-应变曲线变化趋势类似于含水率为 16.0%的试样情况，但对比后发现其应变硬化趋势相对减弱，且不同围压之间曲线逐渐分明。

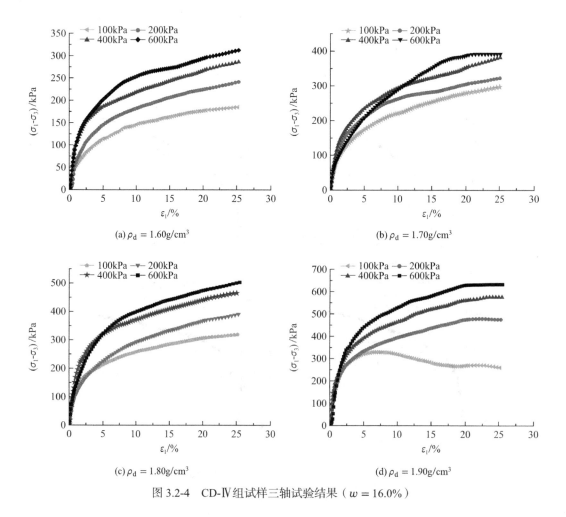

图 3.2-4　CD-Ⅳ组试样三轴试验结果（$w = 16.0\%$）

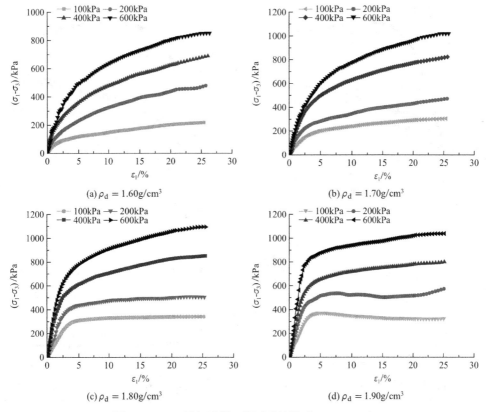

(a) $\rho_d = 1.60 \text{g/cm}^3$　　　　　　(b) $\rho_d = 1.70 \text{g/cm}^3$

(c) $\rho_d = 1.80 \text{g/cm}^3$　　　　　　(d) $\rho_d = 1.90 \text{g/cm}^3$

图 3.2-5　CD- V 组试样三轴试验结果（$w = 23.0\%$）

为了分析含水率变化对试样全应力-应变曲线的影响，图 3.2-6、图 3.2-7 分别给出了不同含水率、不同围压条件下干密度为 1.60g/cm³、1.90g/cm³ 时试样三轴试验结果。含水率的变化影响了试样全应力-应变曲线的变化趋势，尤其是含水率从 3.0%～8.0%的增大过程中表现最为显著；同时，随着含水率的增大，试样瞬时偏应力先减小后增大，且在 16.0%时达到最小值，表明试样饱和状态反而能在一定程度上促进其强度增加，其内部饱和水和土颗粒骨架共同承担外在受力。特别地，当干密度较低时（1.60g/cm³），含水率 8.0%和 13.0%两种情况基本一致，而干密度较大时，各种含水状态下试样瞬时偏应力差别明显，这可能主要是因为孔隙水压力起到了关键作用，干密度较小时，试样应力荷载主要由土颗粒骨架承载；而干密度较大时，试样的孔隙水压力逐渐显现出来。

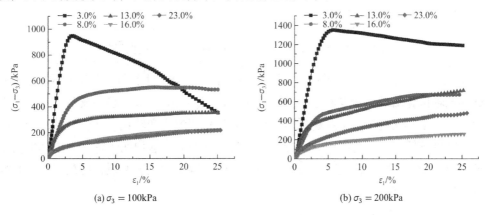

(a) $\sigma_3 = 100 \text{kPa}$　　　　　　(b) $\sigma_3 = 200 \text{kPa}$

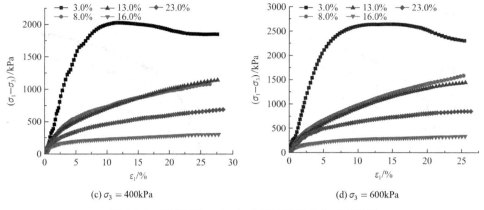

(c) $\sigma_3 = 400\text{kPa}$ 　　　　　(d) $\sigma_3 = 600\text{kPa}$

图 3.2-6　干密度为 1.60g/cm³ 时试样偏应力-应变曲线

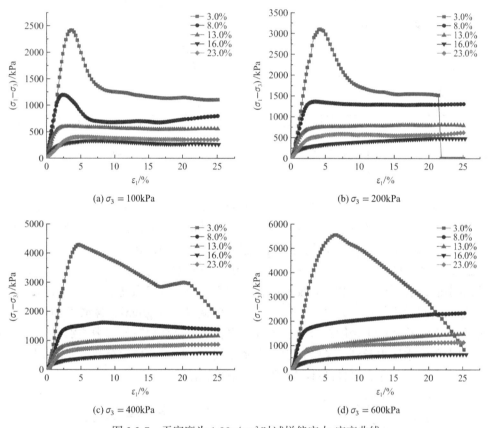

(a) $\sigma_3 = 100\text{kPa}$ 　　　　　(b) $\sigma_3 = 200\text{kPa}$

(c) $\sigma_3 = 400\text{kPa}$ 　　　　　(d) $\sigma_3 = 600\text{kPa}$

图 3.2-7　干密度为 1.90g/cm³ 时试样偏应力-应变曲线

图 3.2-8、图 3.2-9 给出了当围压分别为 100kPa、600kPa 时不同干密度、不同含水率条件下试样三轴试验结果。总体来看，干密度的变化对试样应力-应变趋势及对应峰值强度均影响较大。当干密度越高、围压越低时，试样表现强烈的应变软化，甚至脆性断裂现象；反之，干密度越低、围压越高时，试样应变硬化趋势明显，这说明干密度的增加促使了试样变形由应变硬化→应变稳定→应变软化→脆性断裂等不利趋势发展，但是其对各自峰值强度的增加却极为有利。

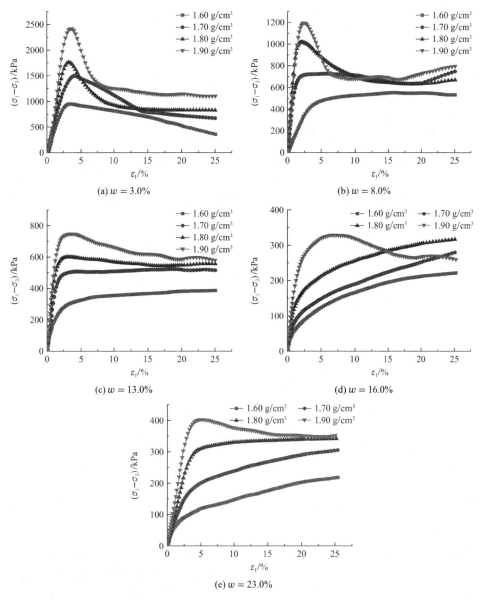

(a) $w = 3.0\%$

(b) $w = 8.0\%$

(c) $w = 13.0\%$

(d) $w = 16.0\%$

(e) $w = 23.0\%$

图 3.2-8　围压为 100kPa 时试样偏应力-应变曲线

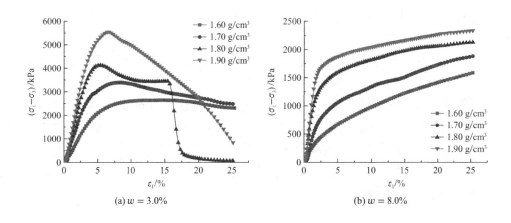

(a) $w = 3.0\%$

(b) $w = 8.0\%$

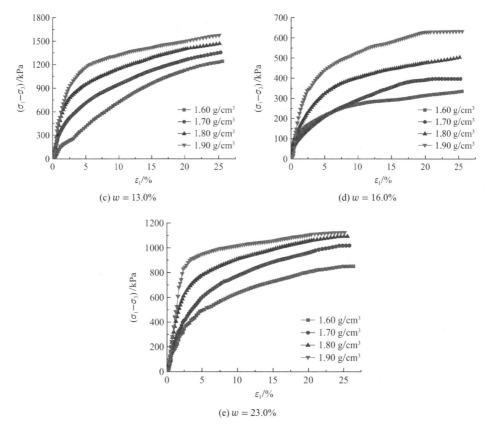

图 3.2-9　围压为 600kPa 时试样偏应力-应变曲线

3.2.2　变形破裂特征

对应于试样的全应力-应变曲线，不同含水率下不同围压、干密度试样的破坏模式见表 3.2-1～表 3.2-5。

由表 3.2-1 可知，干燥试样整体上存在压裂和剪切两种破坏模式。当试样干密度一定时，试样随着围压的增大先从中下端局部破坏逐渐过渡到整体剪切破坏，围压较大时破坏形式较为明显；当围压一定时，随着干密度的增大，试样出现剪切破坏程度越大，而干密度越大，试样呈现出脆性破裂特征，且当围压等于 100kPa 时试样破裂成多个块体。以上情况说明，干燥试样的破裂模式类似于岩体试样，主要以剪切破坏为主，部分伴有压裂破坏。

对于含水率为 8.0%的试样，其破裂模式表现为剪切和膨胀为主的破坏形式。随着干密度的增大，试样破坏受围压作用范围扩大。具体来说，在干密度为 1.60g/cm³ 时，在全部的围压作用范围内试样保持了良好的完整性，而其干密度达到 1.60g/cm³ 后，仅仅围压为 600kPa 时试样略微产生了膨胀现象，其余全部被压剪破坏。与此同时，同一干密度试样，围压越小越易造成压剪破坏，其破坏程度越严重。这说明干密度越低、围压越高更有助于保持试样的稳定性，但这代表试样处于有利环境条件，因为在围压一定时，试样峰值应力值及残余强度取决于干密度的大小。

CD-Ⅰ组试样破裂模式（$w = 3.0\%$）　　　　　　　　　　表 3.2-1

干密度/	围压/kPa			
（g/cm³）	100	200	400	600
1.60				
1.70				
1.80				
1.90		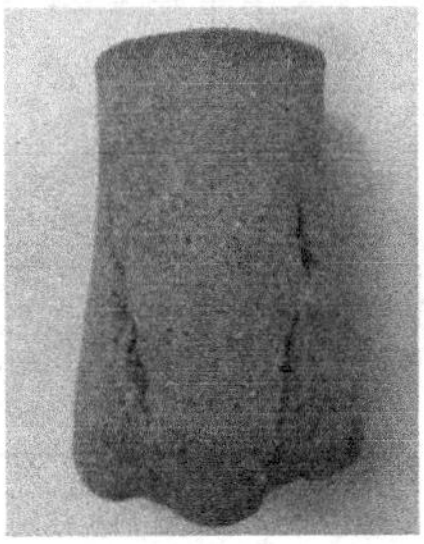		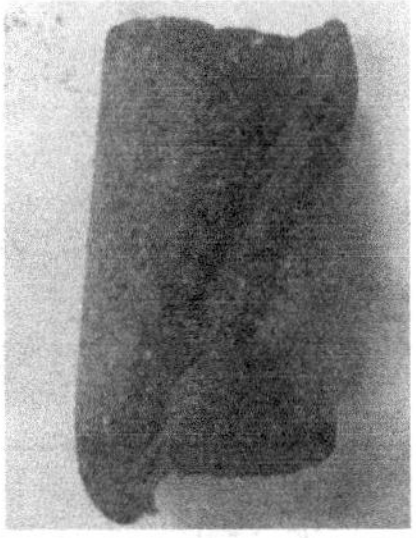

　　当含水状态为天然时（$w = 13.0\%$），不同干密度下、不同围压的试样破坏模式见表 3.2-3。由此可知，除了在围压较低（100kPa）、干密度较大（1.80g/cm³ 和 1.90g/cm³）情况下试样除表现出压裂和端部剪切破坏外，其余均为臌胀变形。不同的是，围压的变化造成试样臌胀部位不同，且臌胀程度也不同，要么上端鼓出明显，要么下端鼓出明显，亦或者中部鼓出；但当围压为 400kPa 时，试样整体臌胀，产生了均匀体胀。

　　此外，应注意的是，试样处于低围压（100kPa）下，干密度越大，试样破坏严重，但破坏后的试样依然保持了整体性。以上结果说明，天然含水率试样主要产生塑性臌胀，破坏后试样完整性较好。

CD-Ⅱ组试样破裂模式（$w = 8.0\%$）　　　　　　　表 3.2-2

干密度/ （g/cm³）	围压/kPa			
	100	200	400	600
1.60				
1.70				
1.80				
1.90				

　　当含水率继续增到 16.0%后，此时试样属于高含水率状态，在干密度和围压的作用条件下，试样变形特征同天然含水率试样，所有试样均产生了不同程度的臌胀现象，且以中间臌胀居多。同时，对比对应的偏应力-应变曲线呈现的应变硬化趋势可知，发生塑性流动大变形试样依然具有持续增大的应力值（残余强度）。由此说明尽管高含水率试样会产生塑性流变大变形，但其变形后保持的完整性和较高的残余强度利于维持工程围岩的稳定，尤其适用于服务期短的地下隧洞工程。

　　随后，当试样含水率达到最大含水率时（$w = 23\%$），即处于饱和状态，相比于 16%含水率状态，试样臌胀特征更加明显，即显著的体胀或体缩特性，不同之处在于当干密度较大时（$\rho_d = 1.90\text{g/cm}^3$），试样的上部或下部产生了局部臌胀变形或剪切破坏。因此，饱试样的变形以显著的塑性流变变形为主，同时伴随有剪胀和剪缩特征。

CD-Ⅲ组试样破裂模式（$w = 13\%$） 表 3.2-3

干密度/ （g/cm³）	围压/kPa			
	100	200	400	600
1.60				
1.70				
1.80				
1.90				

3.2.3 抗剪强度

1. 峰值强度

从获得的应力-应变曲线及对应的变形破坏特征可知，不同含水状态下不同干密度、围压的全风化花岗岩试样表现差异明显，最小含水率试样主要表现为类似于岩体的脆性破坏特征（干燥），最大含水率试样表现塑性流变大变形特征（饱和），而其他含水率下试样变形在一定程度上兼有两者特征。为具体化不同含水率下不同干密度、围压对全风化花岗岩试样的影响效果，特以其峰值强度和抗剪强度作为重要参考指标进行分析。由此，总结得出各种条件下试样峰值强度，见表 3.2-6，对应的空间三维曲线规律如图 3.2-10 所示。

CD-Ⅳ组试样破裂模式（$w = 16\%$）　　　　　　　　　　表 3.2-4

干密度/ （g/cm³）	围压/kPa			
	100	200	400	600
1.60				
1.70				
1.80				
1.90				

　　根据图 3.2-10 的整体变形趋势，同一含水率下，干密度、围压越大，对应的试样峰值强度越大，分别在各自取最大、最小值时，峰值强度达到最大值和最小值。干燥含水率试样的整体峰值强度明显高于其他含水率试样，相比于干燥含水率情况，含水率在 8.0%～16.0%范围内，各种差值较小。更具体地，图 3.2-11、图 3.2-12 表示了不同围压下不同含水率、干密度的试样峰值强度变化规律。

CD-Ⅴ组试样破裂模式（ $w = 23\%$ ）　　　　　　表 3.2-5

干密度/ （ g/cm³ ）	围压/kPa			
	100	200	400	600
1.60				
1.70			—	—
1.80				
1.90				

试样破坏峰值应力（单位：kPa ）　　　　　　表 3.2-6

试验 组号	含水率/%	干密度/ （ g/cm³ ）	围压/kPa			
			100	200	400	600
CD-Ⅰ	23.0	1.60	175.7	390.6	558.1	727.2
		1.70	267.6	396.5	706.8	883.4
		1.80	335.4	492.7	771.9	983.2
		1.90	359.4	545.8	811.4	1054.7
CD-Ⅱ	16.0	1.60	173.8	222.1	261.8	290.9
		1.70	222.3	281.7	322.3	353.1
		1.80	283.2	330.4	403.4	443.4
		1.90	328.7	435.2	520	576.7

续表

试验组号	含水率/%	干密度/（g/cm³）	围压/kPa			
			100	200	400	600
CD-Ⅲ	13.0	1.60	365.9	591.5	801.9	941.6
		1.70	517.2	722.7	960.0	1121
		1.80	600.9	787.2	1063.7	1279.6
		1.90	747.9	811.0	1180.9	1414.9
CD-Ⅳ	8.0	1.60	548.0	629.4	891.3	1220.4
		1.70	726	906.4	1295.8	1502.4
		1.80	1019.2	1105.4	1499.7	1971.5
		1.90	1150.2	1361.0	1652.7	2199.3
CD-Ⅴ	3.0	1.60	949.4	1351.4	2028.7	2640.3
		1.70	1497.7	1971.6	2682.9	3394.1
		1.80	1757.1	2744.2	3560.5	4124.7
		1.90	2418.5	3101.9	4283.8	5544.6

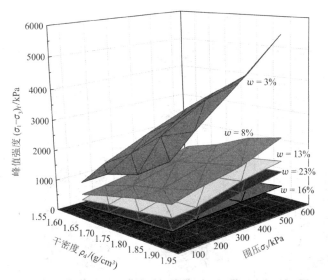

图 3.2-10　不同含水率状态下试样峰值强度与干密度、围压之间的相互关系

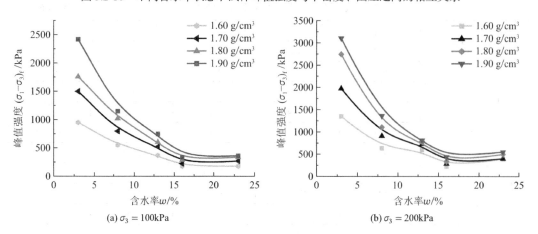

(a) $\sigma_3 = 100\text{kPa}$　　　　　　　　　　　(b) $\sigma_3 = 200\text{kPa}$

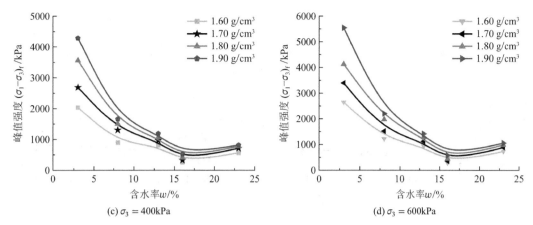

(c) $\sigma_3 = 400\text{kPa}$　　　　　　(d) $\sigma_3 = 600\text{kPa}$

图 3.2-11　不同围压下不同干密度试样峰值强度随含水率的变化规律

由图 3.2-11 可知，随着含水率的增加，不同干密度试样的峰值强度呈现先减小后增大的趋势。当含水率从 3.0%增大到 8.0%过程中，峰值强度的减小速率最为显著，随后趋于平缓直到含水率达到 16.0%，然后便开始又略微增大。具体地，以 400kPa 围压、干密度为 1.80g/cm³ 为例予以说明。在含水率从干燥到饱和过程中，当其值每增长 1%时引起的峰值强度变化百分比分别为+11.58%、+5.81%、+20.64%、−12.95%（"+"表示增加，"−"表示减小），表明含水率从天然状态（13.0%）过渡到 16.0%过程中，峰值减幅最为显著。然而，从增长速率来看，其对应的速率变化分别为+412.2%、+87.2%、+219.6%、−52.4%（"+""−"的含义同上），其中最大速率为最小速率的 7.87 倍，说明了干燥试样只要浸水湿化以及提高天然含水率注定引起峰值强度的迅速弱化，且干燥情况弱化最为严重。此外，以上结果还表明全风化花岗岩试样在含水率为 16.0%时，承载强度最低且弱于饱和状态，这可能是因为饱和试样孔隙水压力加强了部分荷载，而非饱和试样（16.0%）内部的基质吸力却弱化了固体颗粒骨架的承载强度。

另外，根据图 3.2-12 可得，同一围压条件下，随着干密度的增大，不同含水率试样的峰值强度呈现出线性比例增长趋势；然而，干燥试样的增长速率显著，而其他含水状态增长速率基本一致。由于不同围压下，峰值强度增长规律类似，特以 200kPa 围压为例给予解释［图 3.2-12（b）］。当干密度每增长 0.1g/cm³ 时，不同含水率（3.0%、8.0%、13.0%、16.0%、23.0%）下峰值强度的增长速率分别为 602.4kPa、239.3kPa、72.3kPa、56.1kPa 和 70.6kPa，其中干燥试样的增长速率分别是后者的 2.52 倍、8.33 倍、10.74 倍及 8.53 倍。以上情况表明，干燥试样的峰值强度对干密度的变化反应特别敏感，其他含水条件下敏感性较差。

同理，结合图 3.2-11 和图 3.2-12 可知，试样峰值强度对围压的敏感性同干密度，在此不再进行详细说明。

综上可知，在同等条件下，随着含水率的逐渐增大，全风化花岗岩试样峰值强度减小幅度显著，尤其是干燥试样的浸水湿化以及天然试样含水率的升高；而干密度和围压的变化，仅对低含水率的试样作用明显，干燥试样反应尤其敏感。

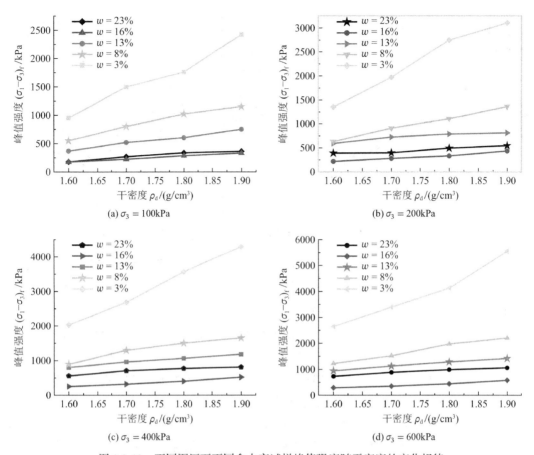

图 3.2-12　不同围压下不同含水率试样峰值强度随干密度的变化规律

2. 抗剪强度指标

由三轴试验得到峰值强度结果（表 3.2-6），在 σ-τ 应力平面上，以法向应力为横坐标，在横坐标轴以破坏时的 $(\sigma_{1f} - \sigma_{3f})/2$ 为半径、$(\sigma_{1f} + \sigma_{3f})/2$ 为圆心，绘制不同含水率、干密度下的应力摩尔圆[141]，表明其满足 Mohr-Coulomb 准则，由此给出强度曲线（图 3.2-13），并得出对应的黏聚力 c 及内摩擦角 φ，见表 3.2-7。

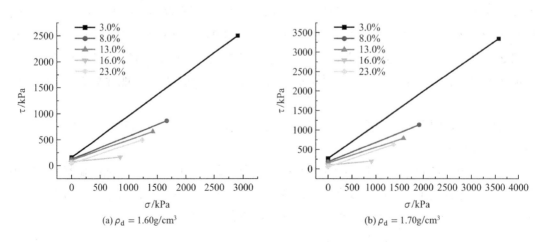

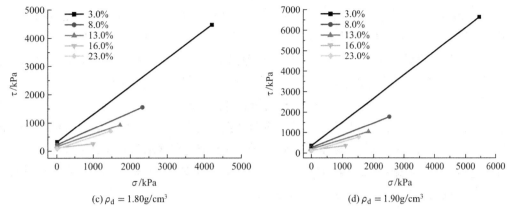

(c) $\rho_d = 1.80 \text{g/cm}^3$ 　　　　(d) $\rho_d = 1.90 \text{g/cm}^3$

图 3.2-13　不同含水率、干密度下 Mohr-Coulomb 强度曲线

不同干密度、含水率下试样的抗剪强度指标　　　　表 3.2-7

抗剪参数	含水率/%	干密度/（g/cm³）			
		1.60	1.70	1.80	1.90
黏聚力 c/kPa	3.0	155.2	268.6	317.7	339.6
	8.0	123.0	182.5	221.1	247.7
	13.0	106.1	149.7	161.4	185.6
	16.0	74.4	96.1	113.4	127.7
	23.0	41.7	50.2	73.6	80.2
内摩擦角 φ/（°）	3.0	38.8	40.7	44.6	49.1
	8.0	23.9	26.4	29.7	31
	13.0	21.1	21.9	23.7	24.5
	16.0	5.8	6.3	8	11.1
	23.0	20.2	22.8	23.2	24

观察表 3.2-7 可知，含水率一定时，c、φ 均随干密度的增大而增大，相比较 φ，c 值增大趋势明显，而干密度一定时，两者呈现不同的变化趋势，其中 c 随着含水率的增大而减小，φ 先减小后增大。另外，当含水率较小、干密度较大时，有利于 c、φ 取得最优值；相反时，c 取得最小值，然而 φ 却在含水率为 16.0% 左右取得最小值。具体地，对于黏聚力（c），当干密度一定时，随着含水率的增加，黏聚力表现出良好的线性降低趋势，各个干密度下平均降低度为 30.29%。当含水率从 8.0%～13.0% 时，各个干密度下增加程度最小，平均值为 20.92%；当含水率从 16%～23% 时，各个干密度下增加程度最大，平均值为 41%。当考虑其每降低 1% 为度量单位时，相比于含水率从 8.0%～13.0% 变化过程中的最小降幅值 3.21%/（°），含水率从 13.0% 增大到 16.0% 过程中，降低程度最大，平均值为 8.78%/（°），后者是前者的 2.74 倍。这表明天然含水率试样增湿显著敏感于干燥对其黏聚力的弱化效果，含水率变化范围的不同也决定了黏聚力的变化程度。同样的，当含水率一定时，黏聚力随着干密度的增大，两者呈现了良好的线性增长关系，各个含水率下平均增大 25.27%。其中，在当干密度从 1.60g/cm³ 增加到 1.70g/cm³ 时增大程度最为明显，增大平均值为 42.42%，而

从 1.80g/cm³ 增大到 1.90g/cm³ 时增大程度最小，增幅为 11.10%。这说明低干密度状态试样提升密实度有利于黏聚力的显著增强，而高干密度状态下作用效果较为微弱。

基于上述计算结果可知，全风化花岗岩抗剪强度指标均与干密度、含水率的变化相关，将两者影响因素融入摩尔-库仑准则后，可获得修正的破坏准则包络线，即：

$$\tau_f = c(w, \rho_d) + \sigma \tan[\varphi(w, \rho_d)] \tag{3.2-1}$$

式中：τ_f、σ 分别为剪切破坏面上的剪应力和正应力（kPa）；c 为黏聚力（kPa）；φ 为内摩擦角（°）。此时，式中的黏聚力、内摩擦角均与干密度和含水率有关，下面分别通过拟合方法进行求解。根据图 3.2-14，黏聚力与含水率之间呈现以"$y = r_1 x + s_1$"形式的线性关系，且存在较高拟合度（$\geqslant 0.93$），见式(3.2-2)。

$$c = r_1 + s_1 w \tag{3.2-2}$$

式中：r_1 和 s_1 为拟合参数。接着，通过观察拟合数据发现，$\ln(r_1)$ 和 s_1 均与干密度之间呈现一元二次函数关系，如下：

$$\left.\begin{array}{l} \ln r_1 = u_{11} + v_{11}\rho_d + w_{11}\rho_d^2 \\ s_1 = u_{12} + v_{12}\rho_d + w_{12}\rho_d^2 \end{array}\right\} \tag{3.2-3}$$

式中：u_{1i}、v_{1i} 和 w_{1i} 均为拟合参数，i 等于 1、2，具体拟合结果如图 3.2-15 所示。然后，将式(3.2-3)代入式(3.2-2)后，获得黏聚力与干密度、含水率之间的函数关系：

$$c = (u_{12} + v_{12}\rho_d + w_{12}\rho_d^2)w + e^{u_{11} + v_{11}\rho_d + w_{11}\rho_d^2} \tag{3.2-4}$$

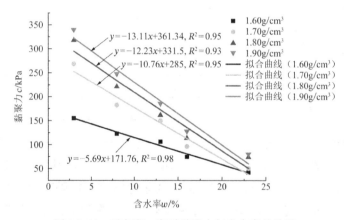

图 3.2-14　干密度一定时黏聚力与含水率的关系

同理，通过分析图 3.2-16 发现，同一含水率下各干密度的内摩擦角值之间差值较小，分布较为集中，因此在一定干密度范围内可忽略其对内摩擦角的影响，

进而拟合获知内摩擦角与含水率之间的关系，见式(3.2-5)：

$$\varphi = 45.3 - 0.025w - 0.327w^2 + 0.012w^3 \tag{3.2-5}$$

综上可知，黏聚力对干密度和含水率反应敏感，且含水率影响权重较大，而内摩擦角在[1.60,1.90]范围内主要受含水率影响，干密度作用甚微。总体来说，含水状态直接决定了试样的抗剪强度指标力学性能，不同含水状态黏聚力、内摩擦角区别较大，所以当围岩现场为全风化花岗岩时，应尽可能采取适当措施保持其含水状态的稳定，尽量避免干湿循环转化，否则将极大地影响围岩整体的抗剪强度性能。

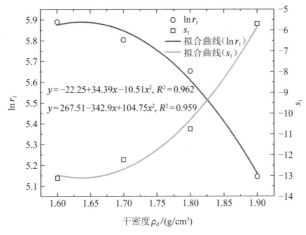

图 3.2-15　参数 $\ln(r_1)$、s_1 拟合结果

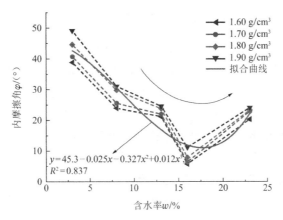

图 3.2-16　不同含水率、干密度下内摩擦角变化规律

3.3　考虑应变软化-硬化的统一本构模型

根据全应力-应变关系曲线（图 3.2-1～图 3.2-5），正如第 3.2.1 节所述，在施加不同围压时，不同含水率、干密度的全风化花岗岩表现出应力软化、应力稳定及应变硬化型等多样化的变形趋势。其中，含水率为 3.0%时，试样主要为显著脆性的应变软化类型，含水率增大到 16.0%及以上后，试样则主要表现为应变硬化现象，而在其他含水率状态时，则均包含两者类型，且存在应变稳定型。为反映全风化花岗岩类土试样的这一特殊性特征，特考虑以自然含水状态（$w = 13.0\%$）为研究对象，着重分析其应变软化到硬化相互转化的力学特性，建立起能表征应变软化-硬化的统一本构模型。

3.3.1　应力-应变特征分析

对于自然含水状态下全风化花岗岩重塑土试样，在一组围压中，随着围压值的逐渐增大，试样应力-应变曲线逐渐表现出从应变软化到应变稳定再到硬化的转变，表现出多样化的变形特性，如图 3.3-1 所示。其中，当围压较低时，试样屈服强度低，软化现象显著，即

图 3.3-1 中 I 型曲线。随着围压升高，试样对应的屈服强度和峰值强度均得到很大提高，引起大变形的塑性应变量，体现硬化或延性特征，即图 3.3-1 中 II、III 型曲线，这是此类土体显著区别岩体的力学特性。

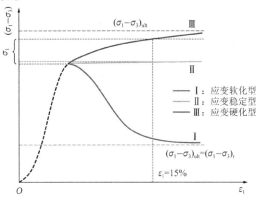

图 3.3-1　全风化花岗岩应力-应变曲线类型

通过上述全风化花岗岩试样的应力-应变曲线类型分析，结合其变形特征，可将其划分成 4 个阶段：挤密阶段、弹性变形阶段、破碎阶段、破坏阶段，如图 3.3-2 所示。

（1）挤密阶段。固结完成后，轴向偏应力差$(\sigma_1 - \sigma_3)$逐渐增大，引起试样内部颗粒角度调整，进行持续压密，此阶段颗粒间没有相对滑移，总体挤密应变量一般小于 1.0%，总体比重较少，视情况可忽略此阶段，记压密最终应变值为ε_{ic}。

（2）弹性变形阶段。偏应力-应变关系呈非线性的弹性关系（比如，双曲线关系），对应的切线变形模量逐渐降低，并可能存在初始最大值（即初始弹性模量E_i），试样产生的变形主要为土颗粒排列方式的改变，颗粒未出现破裂情况。

（3）破碎阶段。当偏应力达到一定值时，土颗粒开始出现挤压破碎而导致损伤，伴随着其增幅逐渐降低，颗粒间部分发生滑移引起局部剪切破裂面或出现臌胀现象。

（4）破坏阶段。当偏应力超过强度极限时，试样进入破坏阶段。塑性变形不断增加而其对应的偏应力继续增加或不再增加，甚至有所降低，由此对应于应力-应变曲线将会有 3 种不同的变化趋势：曲线上扬（硬化）、曲线下拐（软化）、基本保持不变（稳定蠕变），试样的剪切面或臌胀现象完全形成，此时认为土体已经破坏。

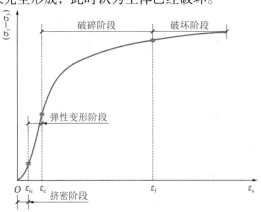

图 3.3-2　全风化花岗岩应力-应变曲线各阶段图

3.3.2　结构强度损伤演化分析

由于土工材料明显的结构性和各向异性，一旦受到外部荷载作用后便引起其内部土颗粒位置相对错动而造成内部空间结构改变，进一步影响后续加载的应力应变关系，使之不同于初始加载状态，不同条件下土试样的力学性质直接受其结构性强弱程度作用。为研究不同干密度、围压下全风化花岗岩重塑土结构的变化规律，文献[142]提出了刚度比参数：E/E_i，以此反映某一状态下试样随偏应力增加而引起的结构强度损伤。其中，E、E_i分别表示割线模量和初始弹性模量，其计算公式为：

$$E = \frac{(\sigma_1 - \sigma_3)}{\varepsilon_1} \tag{3.3-1}$$

$$E_i = E_t|_{\varepsilon_1 \to 0} = \frac{d(\sigma_1 - \sigma_3)}{d\varepsilon_1}\bigg|_{\varepsilon_1 \to 0} \tag{3.3-2}$$

式中：E_t为应力-应变曲线的瞬时弹性模量（MPa）。从试样应力-应变曲线看出，由于存在微小的初始挤密应变量，引起在确定初始弹性模量E_i时，E_t出现先增大后降低的情况，意味着当$\varepsilon_1 \to 0$时，弹性模量并不是弹性阶段起始的弹性模量，因而考虑采用E_t取得最大值时确定为初始弹性模量，代表弹性阶段的开始。图 3.3-3 显示了不同干密度、围压下天然含水状态的全风化花岗岩刚度比与轴向应变的关系。

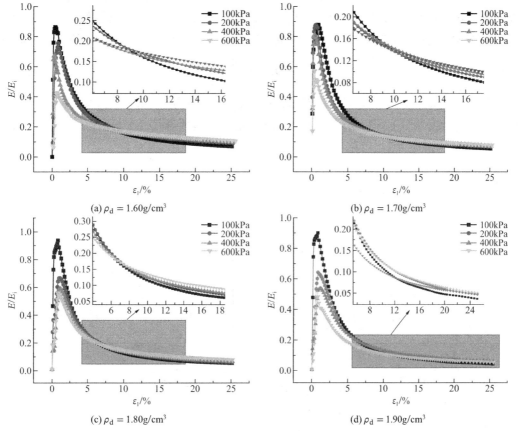

(a) $\rho_d = 1.60\text{g/cm}^3$　　　(b) $\rho_d = 1.70\text{g/cm}^3$

(c) $\rho_d = 1.80\text{g/cm}^3$　　　(d) $\rho_d = 1.90\text{g/cm}^3$

图 3.3-3　天然含水状态下的E/E_i与ε_1的关系

由图 3.3-3 可知,同一干密度下,天然含水状态的全风化花岗岩结构刚度比随着应变的增大,先迅速增大到峰值后迅速衰减,最终趋于稳定阶段,整体上均呈现显著的"应变软化"现象,峰值前后刚度比速率改变极大。在不同围压下,对应的峰值及残余刚度比不同,即围压越大,峰值越大,而残余值越小。而同一应变下,峰值前及峰值后的一定范围内,随着围压的增加,试样的E/E_i-ε_i关系曲线整体呈现出逐渐上移的趋势,刚度比逐渐增大;在稳定阶段,这种趋势正好相反,这是由于曲线在峰后存在交叉点引起了趋势的改变,但相互之间差距较小并趋于 0,可忽略不计。而干密度不同时,各种情况下的变化趋势基本一致,这说明干密度的改变对试样结构刚度比影响较弱。由此,可认为围压是主要影响峰值刚度比的关键因素且其值越低,试样在应力加载过程中存在越强烈的结构损伤,试样便越有可能破坏,这与高围压有利于提高试样峰值强度,改善应力-应变曲线类型,呈现压硬性特征相似。此外还可发现,存在的峰值应变基本上均小于 1.0%,基于结构刚度比参数的意义,可理解为峰值应变值间接地反映了挤密过程的发生,定义为初始闭合应变。

3.3.3　本构模型构建

1. 模型的提出与分析

近几十年来,诸多本构模型被引入土力学的研究领域,包括基于广义胡克定律的线弹性模型、以 Duncan-Chang（邓肯-张）模型[143]和 K-G 模型[144]为代表的非线性弹性模型、剑桥和清华弹塑性模型,以及弹塑性损伤模型等。其中,邓肯-张双曲线模型材料参数少、形式简单、物理意义明确,在岩土工程领域得到了广泛应用[45,145-147],其对应的函数方程为:

$$\sigma_1 - \sigma_3 = \frac{\varepsilon_a}{a + b\varepsilon_a} \tag{3.3-3}$$

式中:σ_1、σ_3分别为轴向应力和围压,$(\sigma_1 - \sigma_3)$为偏应力差（kPa）;ε_a为轴向应变（%）;a、b为模型参数。图 3.3-4 显示了式(3.3-3)的双曲线和线性形式,参数a代表了初始模量的倒数,参数b为极限偏应力的倒数。

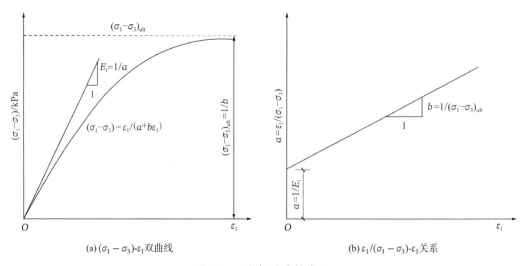

(a) $(\sigma_1 - \sigma_3)$-ε_1双曲线　　　　　　　　(b) $\varepsilon_1/(\sigma_1 - \sigma_3)$-$\varepsilon_1$关系

图 3.3-4　邓肯-张本构模型

由于经典的邓肯-张双曲线模型通常适用于砂土等黏性材料，却无法反映全风化花岗岩所具有的应变软化特性，至此众多学者在式(3.3-3)基础上提出了能反映应变软化的邓肯-张模型，其中具有代表性的是沈珠江提出的用驼峰曲线去代替邓肯-张双曲线函数，即[148]：

$$\sigma_1 - \sigma_3 = \frac{\varepsilon_a(a + c\varepsilon_a)}{(a + b\varepsilon_a)^2} \tag{3.3-4}$$

式中：c 为添加的与试验有关的修正参数。观察式(3.3-4)可知，其本身为典型的试验拟合型表达式，等式左、右两边产生的不统一量纲情况，易造成试验拟合参数的计算结果不稳定，为避免该情况的发生，借文献[149]提出改进型邓肯-张模型函数的偏应力-应变表达式：

$$\frac{\sigma_1 - \sigma_3}{(\sigma_1 - \sigma_3)_f} = \frac{\varepsilon_a(a + c\varepsilon_a)}{(a + b\varepsilon_a)^2} \tag{3.3-5}$$

式中：$(\sigma_1 - \sigma_3)_f$ 为偏应力峰值强度（kPa）。

接着，将式(3.3-5)作同等变换后，得到理想的修正邓肯-张模型，并分离出经典的邓肯-张双曲线系数项，结果见式(3.3-6)。

$$\sigma_1 - \sigma_3 = \frac{\varepsilon_a(a + c\varepsilon_a)}{(a + b\varepsilon_a)^2}(\sigma_1 - \sigma_3)_f = \frac{(\sigma_1 - \sigma_3)_f(a + c\varepsilon_a)}{a + b\varepsilon_a} \cdot \frac{\varepsilon_a}{a + b\varepsilon_a} \tag{3.3-6}$$

特别地，对于初始挤密阶段明显的应力-应力曲线，呈现初始下凹情形，此时意味着初始挤密应变量 ε_a 较大（图3.3-3），为了准确描述此种情况的初始压实过程，建议提出采用压实硬化系数 ξ 对公式(3.3-7)进行再次修正。其中，对应的系数 ξ 的计算方法如下[150]：

$$\alpha = \begin{cases} \log_n\left[\dfrac{(n-1)\varepsilon_a}{\varepsilon_{ic}}\right] & \varepsilon_a \leqslant \varepsilon_{ic} \\ 1 & \varepsilon_a > \varepsilon_{ic} \end{cases} \tag{3.3-7}$$

式中：n 为试验拟合参数。由此将式(3.3-7)与式(3.3-6)右边相乘，便获得了能反映初始挤密阶段并具有应变软化特性的修正邓肯-张模型，即：

$$\sigma_1 - \sigma_3 = \begin{cases} (\sigma_1 - \sigma_3)_f \log_n\left[\dfrac{(n-1)\varepsilon_a}{\varepsilon_{ic}}\right]\dfrac{\varepsilon_a(a + c\varepsilon_a)}{(a + b\varepsilon_a)^2} & \varepsilon_a \leqslant \varepsilon_{ic} \\ (\sigma_1 - \sigma_3)_f \dfrac{\varepsilon_a(a + c\varepsilon_a)}{(a + b\varepsilon_a)^2} & \varepsilon_a > \varepsilon_{ic} \end{cases} \tag{3.3-8}$$

上述是针对具有显著初始压密阶段的土工材料本构方程，鉴于自然含水状态下全风化花岗岩仅出现个别微小初始阶段，且初始挤密应变量 ε_{ic} 小于1.0%，表明其固结阶段已经完成了主要的孔隙压缩变形，所以本章最终依然以式(3.3-6)作为其对应的应力-应变本构方程。

对比式(3.3-3)和式(3.3-6)发现，修正模型的公式在形式上等同于邓肯-张模型乘上另一个双曲线系数。在此，分别对式(3.3-3)、式(3.3-6)进行求导，得到对应的切线模量，见式(3.3-9)、式(3.3-10)。

$$E_t' = \frac{d\left(\dfrac{\varepsilon_a}{a + b\varepsilon_a}\right)}{d\varepsilon_a} = \frac{a}{(a + b\varepsilon_a)^2} \tag{3.3-9}$$

$$E_t = \frac{d\left[\dfrac{\varepsilon_a(a+c\varepsilon_a)}{(a+b\varepsilon_a)^2}(\sigma_1-\sigma_3)_f\right]}{d\varepsilon_a} = \frac{a(a-b\varepsilon_a+2c\varepsilon_a)(\sigma_1-\sigma_3)_f}{(a+b\varepsilon_a)^3} \tag{3.3-10}$$

式中：E_t'、E_t分别表示邓肯-张模型［式(3.3-3)］和修正的邓肯-张模型［式(3.3-6)］曲线的切线模量，反映各自的应力-应变变化趋势。对比两式发现，两者仅相差一个系数，同样为一双曲线函数，具体如下：

$$F(x) = (\sigma_1-\sigma_1)_f \cdot [a+(2c-b)x]/(a+bx) \tag{3.3-11}$$

当参数c、b不同时，修正模型系数$[(\sigma_1-\sigma_3)_f \cdot (a+c\varepsilon_1)/(a+b\varepsilon_1)]$与应变之间的关系如图 3.3-5（a）所示。当$c < b$时，系数从 1 减小到$c/b$，修正模型存在应变硬化和软化两种情况。当$c = b$时，系数恒等于$(\sigma_1-\sigma_3)_f$，修正模型变成邓肯-张模型的形式。当$c > b$时，修正模型曲线斜率比邓肯-张模型曲线的递增速率加快，但仍然表现为应变硬化类型。此外，当参数a、b保持不变，参数c取不同值时，修正的邓肯-张模型曲线可能出现图 3.3-5（b）的类型，说明参数c的改变，在一定程度上改变模型曲线趋势。

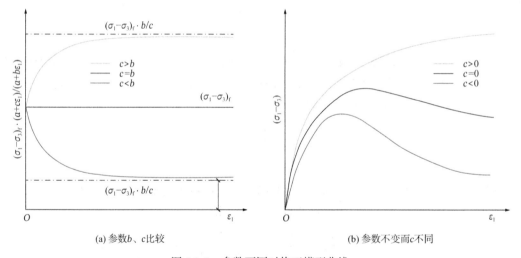

(a) 参数b、c比较　　　　　　　　　(b) 参数不变而c不同

图 3.3-5　参数不同时修正模型曲线

进一步地，当$\varepsilon_a \to 0$时，式(3.3-7)、式(3.3-8)两者极限均等于$1/a$，即初始弹性模量，这说明修正邓肯-张模型后并没有影响其初始弹性模量的改变。当$\varepsilon_a \to +\infty$时，修正的邓肯-张模型得到应力-应变曲线的渐进线值，即$(\sigma_1-\sigma_3) \to (\sigma_1-\sigma_3)_{ult}$，其值为：

$$(\sigma_1-\sigma_3)_{ult} = \frac{c}{b^2}(\sigma_1-\sigma_3)_f \tag{3.3-12}$$

当应力-应变曲线为应变软化类型时，式(3.3-13)便为残余强度值。此时，令式(3.3-8)等于 0 并化简，可得到对应的峰值应变值为$\varepsilon_f = a/(b-2c)$，偏应力$(\sigma_1-\sigma_3)$达到峰值$(\sigma_1-\sigma_3)_f$，由式(3.3-8)可知：

$$(b-c)\varepsilon_a^2 + (2ab-a)\varepsilon_a + a^2 = 0 \tag{3.3-13}$$

解式(3.3-8)可知，$4b-4c=1$，其可作为模拟应变软化型应力-应变曲线的判别条件。根据自然含水状态下全风化花岗岩的试验数据，运用式(3.3-6)对其进行拟合计算，确定了此类试样对应的模型参数（表 3.3-1），模型曲线和试验数据的对比情况如图 3.3-6 所示。从图中可以看出，修正的邓肯-张模型应力-应变曲线与试验实测值高度吻合，较好地模拟了在围压改变时自然含水状态的全风化花岗岩所呈现的应变软化和硬化的多样化特征。另外，对于方差控制的修正邓肯-张模型参数$(b-c)$的值，在$(1.60\text{g/cm}^3, 100\text{kPa})$、$(1.70\text{g/cm}^3, 100\text{kPa})$、$(1.80\text{g/cm}^3, 100\text{kPa})$、$(1.80\text{g/cm}^3, 200\text{kPa})$、$(1.90\text{g/cm}^3, 100\text{kPa})$、$(1.90\text{g/cm}^3, 200\text{kPa})$ 和 $(1.90\text{g/cm}^3, 400\text{kPa})$ 下分别为 0.244、0.246、0.249、0.247、0.253、0.244 和 0.248，基本上位于 0.25 附近，与理论分析结果大致一致（$4b-4c=1$）。当干密度为 1.80g/cm^3、围压为 600kPa 时，其值为 0.232，与 0.25 偏差较大，主要是由于试样的应力-应变曲线表现出较为显著的应变硬化迹象，而没有明显的应变软化现象。同时，对于其他应变硬化型的模型曲线，模型参数$(b-c)$基本处于 0 领域内波动，意味着模型参数b与c大小基本一致，此时修正的邓肯-张模型便退化为双曲线形式，这再次验证了模型参数$(b-c)$取值的重要性。

不同初始条件下修正的邓肯-张模型参数　　　　　表 3.3-1

$\rho_d/(\text{g/cm}^3)$	σ_3/kPa	$(\sigma_1-\sigma_3)_f/\text{kPa}$	a	b	c	R^2
1.60	100	365.9	1.523	0.598	0.354	0.998
	200	517.2	2.314	0.802	0.778	0.967
	400	600.9	3.753	0.645	0.669	0.974
	600	747.9	4.759	0.493	0.495	0.991
1.70	100	591.5	0.960	0.376	0.130	0.976
	200	722.7	1.473	0.894	0.893	0.966
	400	787.2	1.922	0.857	0.850	0.974
	600	811.0	3.327	0.774	0.781	0.980
1.80	100	801.9	0.819	0.334	0.085	0.974
	200	960.0	1.269	0.375	0.128	0.973
	400	1063.7	1.606	0.506	0.274	0.977
	600	1180.9	2.221	0.837	0.833	0.984
1.90	100	941.6	0.873	0.305	0.052	0.979
	200	1121	1.313	0.330	0.086	0.981
	400	1279.6	1.635	0.418	0.170	0.982
	600	1414.9	1.974	0.638	0.472	0.992

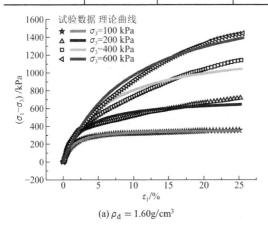

(a) $\rho_d = 1.60\text{g/cm}^3$

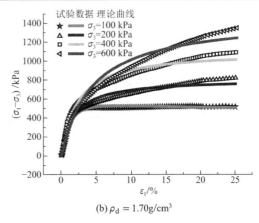

(b) $\rho_d = 1.70\text{g/cm}^3$

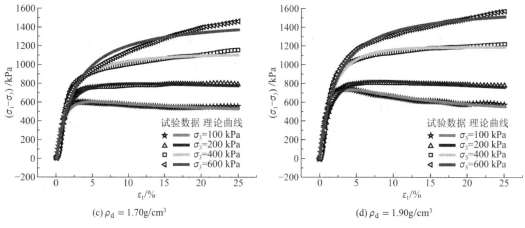

(c) $\rho_d = 1.70\text{g/cm}^3$ (d) $\rho_d = 1.90\text{g/cm}^3$

图 3.3-6 自然含水状态下全风化花岗岩试验对比结果

2. 不同初始条件下模型参数的变化规律

在本章提出的修正邓肯-张模型中,存在$(\sigma_1 - \sigma_3)_f$、a、b和c四个参数,为了获得这些参数与干密度、围压之间的函数关系,尝试以干密度、围压为自变量,模型参数为因变量,进行相关回归分析,以此构建不同初始条件下准确的本构模型表达式。对于峰值强度,大量文献指出,峰值强度与围压存在以下指数关系,即:

$$(\sigma_1 - \sigma_3)_f = Mp_a\left(\frac{\sigma_3}{p_a}\right)^l \tag{3.3-14}$$

式中:p_a是大气压,等于101.4kPa或近似等于100kPa,量纲与σ_3相同;M、l为试验常数。若$\lg(E_i/p_a)$与$\lg(\sigma_3/p_a)$近似呈直线关系,参数$\lg(M)$、l分别表示直线截距和斜率,见式(3.3-15)。

$$\lg[(\sigma_1 - \sigma_3)_f/p_a] = \lg M + l\lg(\sigma_3/p_a) \tag{3.3-15}$$

根据试验结果,利用式(3.3-15)对天然含水状态全风化花岗岩的峰值强度进行拟合,拟合结果如图 3.3-7 所示,具体拟合参数见表 3.3-2。

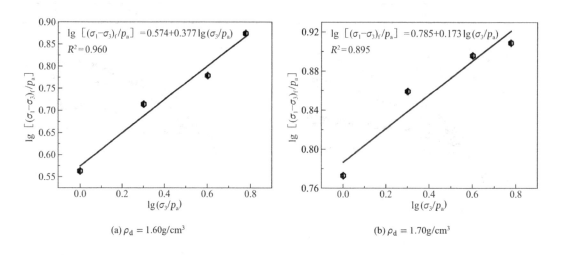

(a) $\rho_d = 1.60\text{g/cm}^3$ (b) $\rho_d = 1.70\text{g/cm}^3$

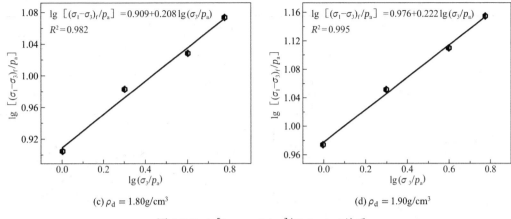

(c) $\rho_d = 1.80\text{g/cm}^3$ (d) $\rho_d = 1.90\text{g/cm}^3$

图 3.3-7　$\lg[(\sigma_1 - \sigma_3)_f / p_a]$ 与 $\lg(\sigma_3 / p_a)$ 关系

由图 3.3-7 可见模型参数很难同时与围压、干密度之间建立良好的函数关系，因此考虑以干密度作为约束条件，分类建立模型参数与围压的函数关系。具体地，在保持干密度不变时，随着围压的增大，模型参数 a 与 (σ_3 / p_a) 呈现线性关系，而模型参数 b、c 均与 $\log(\sigma_3 / p_a)$ 呈现一元多项式关系，将两者出现的待定系数写为统一形式，即 u、ν 和 w，由此以下关系成立：

$$\text{参数} a: \ f(\sigma_3) = u + \nu \cdot (\sigma_3 / p_a) \tag{3.3-16}$$

$$\text{参数} b\ (\text{或} c): \ g(\sigma_3) = u + \nu \cdot [\log(\sigma_3 / p_a)] + w \cdot [\log(\sigma_3 / p_a)]^2 \tag{3.3-17}$$

式中：u、ν 和 w 分别为模型参数的待定拟合系数。其中，$f(\sigma_3)$ 代表模型参数 a 的函数值，而 $g(\sigma_3)$ 代表参数 b、c 的函数值。图 3.3-8 分别展示了参数 a、b 和 c 的拟合结果，具体的待定系数值如表 3.3-3 所示。至此，将各种条件下的模型参数函数方程代入修正的邓肯-张模型，便获得对应预测的应力-应变曲线方程。

不同初始条件下峰值强度拟合结果　　　　　　　　　　　　　表 3.3-2

$\rho_d/\ (\text{g/cm}^3)$	σ_3/kPa	$\lg[(\sigma_1 - \sigma_3)_f / p_a]$	$\lg(\sigma_3 / p_a)$	M	l
1.60	100	0.563	0	3.750	0.377
	200	0.714	0.301	—	—
	400	0.779	0.602	—	—
	600	0.874	0.778	—	—
1.70	100	0.772	0	6.095	0.173
	200	0.859	0.301	—	—
	400	0.896	0.602	—	—
	600	0.909	0.778	—	—
1.80	100	0.904	0	8.110	0.208
	200	0.982	0.301	—	—
	400	1.027	0.602	—	—
	600	1.072	0.778	—	—

续表

$\rho_d/$ (g/cm^3)	$\sigma_3/$kPa	$\lg[(\sigma_1-\sigma_3)_f/p_a]$	$\lg(\sigma_3/p_a)$	M	l
1.90	100	0.974	0	9.462	0.222
	200	1.050	0.301	—	—
	400	1.107	0.602	—	—
	600	1.151	0.778	—	—

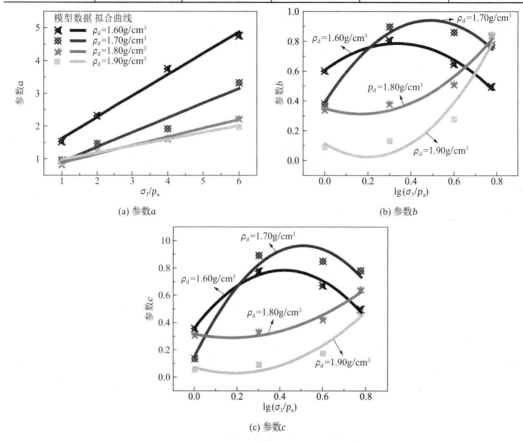

(a) 参数a　　(b) 参数b

(c) 参数c

图 3.3-8　模型参数与围压系数的关系

不同初始条件下模型参数拟合结果　　表 3.3-3

$\rho_d/$ (g/cm^3)	模型参数	待定系数			R^2
		u	v	w	
1.60	a	0.9758	0.6497	—	0.991
	b	0.6044	1.058	−1.567	0.970
	c	0.3622	2.014	−2.399	0.977
1.70	a	0.4686	0.4467	—	0.949
	b	0.3878	2.242	−2.286	0.971
	c	0.1498	3.199	−3.14	0.963
1.80	a	0.6231	0.2633	—	0.977
	b	0.3468	−0.4488	1.134	0.962
	c	0.3134	−0.3069	0.9009	0.963

$\rho_d/$ (g/cm^3)	模型参数	待定系数			R^2
		u	ν	w	
1.90	a	0.7769	0.2067	—	0.954
	b	0.1106	−0.9004	2.259	0.934
	c	0.0659	−0.4405	1.188	0.938

3. 不同模型的对比

为验证本章所建修正邓肯-张模型的通用性，下面分别以自然含水状态下全风化花岗岩的应变软化和硬化类型试验为代表，将本模型与邓肯-张模型、文献[151]修正的邓肯-张模型、文献[152]修正的邓肯-张模型、基于统计损伤的软化模型进行比较，如图 3.3-9 所示，各模型参数见表 3.3-4。其中，应变软化和硬化曲线分别对应于围压 σ_3 等于 100kPa、600kPa 时的情况。

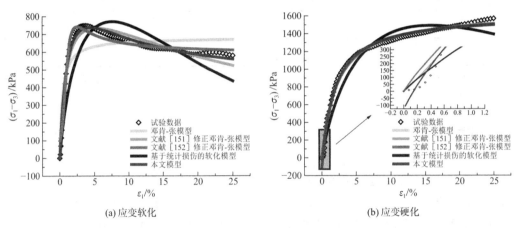

(a) 应变软化　　　　　　　　　　　(b) 应变硬化

图 3.3-9　不同模型与试验曲线的对比

首先，从应变软化曲线看 [图 3.3-9（a）]，本章模型、文献[151]和文献[152]修正的邓肯-张模型均能对曲线整体趋势做出有效预测，但在峰值点及峰后阶段，后两种模型的预测一定程度上偏离试验曲线，重要的是其模型对应的各个模型参数值之间离散性较大，计算结果不稳定。作为典型的非线性弹性土力学模型的邓肯-张模型，在非线性弹性阶段与试验结果拟合良好，但试验材料损伤开始后，模型便与试验数据开始出现较大偏差。由于试验材料的非线性，统计损伤模型不能模拟曲线非线性弹性阶段，曲线峰后阶段也偏差较大。其次，从应变硬化曲线看 [图 3.3-9（b）]，除统计损伤模型外，尽管各个模型没有有效反映曲线的挤密阶段，总体与实际数据曲线均贴合较好。然而，不难发现，文献[152]修正的邓肯-张模型在初始阶段出现了较大负数，这显然是不合理的。同时，犹如应变软化情况，文献[152]修正的邓肯-张模型的模型参数也出现了极大离散性，难以保证预测其他试验情况的稳定。而统计损伤软化模型，依然表现出应变软化现象，对试验曲线各个阶段均不能很好地表达。因此，通过对比其他各个相关模型可知，不管是应变硬化曲线，还是应变软化曲线，本章修正的邓肯-张模型均比其他模型模拟效果要好，能有效地反映全风化花岗岩的应力-应变关系，与试验结果曲线吻合良好。

不同模型的参数值　　　　　　　　　　　　　　表 3.3-4

曲线类型	本构模型	a	b	c	m	F_0	R^2
应变软化	I	5.632×10^{-4}	1.473×10^{-3}	—	—		0.746
	II	1.167×10^{-3}	4.077×10^{-4}	6.888×10^{-5}	—		0.979
	III	586.34	98.46		1.506	-1.0367	0.977
	IV	—	—	—	0.6161	3.449	0.644
	V	0.873	0.305	0.052	—		0.979
应变硬化	I	1.349×10^{-3}	6.036×10^{-3}	—	—		0.992
	II	2.990×10^{-3}	2.941×10^{-3}	0.0140	—		0.994
	III	1619.33	-128.11	—	1.223×10^{-2}	-1.283×10^{-2}	0.995
	IV	—	—	—	0.6024	6.849	0.943
	V	1.974	0.638	0.472	—		0.992

注：本构模型中所列序号分别表示为：Ⅰ—邓肯-张模型；Ⅱ—文献[151]修正邓肯-张模型；Ⅲ—文献[152]修正邓肯-张模型；Ⅳ—基于统计损伤的软化模型；Ⅴ—本章模型。

3.4　本章小结

　　基于全风化花岗岩隧道围岩复杂的水力环境，本章通过一系列的固结排水试验，对三向应力状态下全风化花岗岩的应力-应变特征、强度指标、变形破裂模式及结构损伤演化规律等进行了多方面探讨，在此基础上构建了相适应的力学本构模型，给出了模型参数与围压之间的函数关系。结果表明：

　　（1）从偏应力-应变曲线变化趋势看，三向应力加载条件下，相对于干密度和围压，含水率明显地主导了曲线特征。其中，干燥试样（含水率为 3.0%）主要呈现显著软化到部分脆性断裂特征，较高含水率（16.0%）或饱和试样主要显现为应变硬化现象，其他含水率状态的试样则兼顾应变硬化、应变软化两种情况，其区分程度与围压和干密度相关。

　　（2）同一含水率下，干密度、围压越大，全风化花岗岩峰值强度越大，且干燥试样的整体峰值强度明显高于其他含水率情况。当含水率由干燥状态逐渐增大到 16.0%时，会引起其值大幅降低，此时若改变干密度和围压，也仅有低含水率情况反应较为明显，特别是干燥含水情况。然而，当含水率超过 16.0%后，增加干密度和围压对土体强度的提升作用甚微。为此，可将含水率大于或等于 16.0%时所有含水状态作为土体强度最为不利情况，即极差含水率。

　　（3）黏聚力对干密度和含水率的变化反应敏感，且含水率影响权重较大，而干密度在[1.60,1.90]范围变化时，内摩擦角主要受含水率影响，两者呈一元三次多项式关系，所以含水状态直接决定了试样抗剪强度力学性能，不同含水状态黏聚力、内摩擦角差值较大。

　　（4）从试样压缩过程中的结构强度损伤演化规律看，同一干密度下，随着应变的增大，天然试样的刚度比先迅速增大到峰值后迅速衰减，最终趋于稳定阶段，整体上均呈现显著的"应变软化"现象，峰值前后刚度比速率改变极大。围压越大，出现的峰值越大，而残余值越小；同时，干密度的改变对试样结构刚度比的影响相对较弱。

（5）本章所构建本构模型的计算结果与试验实测值高度吻合，能较好地模拟出围压改变时全风化花岗岩所呈现的应变软化、应变硬化等多样化特征。同其他已有相似模型相比，该模型参数少、形式简单，能更为准确地表达出全风化花岗岩试验曲线所具有的非线性阶段、峰值及残余强度等关键性特征。

第 4 章

全风化花岗岩浸水湿化变形特性及时变效应模型

　　处于软弱破碎带中，地下隧洞围岩不可避免会受到地下水不断入渗而引起湿化变形，并伴随显著的流变效应[140,153]，这无疑加剧恶化原本难以控制的围岩变形。第 2 章、第 3 章已开展了全风化花岗岩的力学特性研究，证明了其在不同干密度、围压、含水率等条件下不仅力学性能劣化且变形破裂模式具有多样化，同时含水率的改变起到关键作用。另外，由于本书研究对象——全风化花岗岩含有强膨胀性黏土矿物，遇到地下水浸湿后，引起的膨胀变形也势必加剧材料的变形程度。针对地面工程各类岩土材料的湿化变形研究已相对成熟，而对处于地下水力环境下土体为"全风化花岗岩"特殊材料的浸水湿化特性尚缺乏认知。为切实反映地下水力环境中全风化花岗岩浸水湿化过程及表征其影响效果，本章首先借助大型三轴剪切仪试验设备研究了全风化花岗岩重塑土的浸水湿化特性，推导了湿化应变增量力学模型，然后基于时间-变形的关系，利用流变力学理论构建了其具有时变效应的湿化本构模型，并在此基础上探讨了全风化花岗岩湿化前后的力学特性和湿化稳定变形的判定标准。

4.1 试验方法

4.1.1 重塑土颗粒级配

　　同第 2 章、第 3 章，本章接下来进行的室内湿化试验需根据相应的试验仪器对颗粒粒径约束要求适当调整重塑土配比。为此，依据采样土实际级配参数，采用等量替代法进行缩制[123,154]，其计算公式如下：

$$P_i = \frac{P_{oi}}{P_5 - P_{dmax}} P_5 \tag{4.1-1}$$

　　式中：P_{oi}、P_i分别为原级配和等量替代后某粒组的百分含量（%）；P_5为大于 5mm 的百分含量（%）；P_{dmax}为超粒径的百分含量（%）。

　　根据式(4.1-1)可得，确定的重塑土级配参数见表 4.1-1，对应的模拟级配曲线如图 4.1-1 所示。由此获知，本章重塑土的不均匀系数（C_u）和曲率系数（C_c）相同，其值分别为 28.0 和 4.30，同属颗粒级配不良土。

拟采用的重塑样粒径配比表　　　　　　　　　　　　　　表 4.1-1

名称	颗粒粒径范围/mm					
颗粒粒径尺寸	30～60	15～30	7.5～15	3.0～7.5	2.25～3.0	0～2.25
	模拟配比/%					
重塑样配比	38.75	19.83	16.58	14.33	0.78	9.73

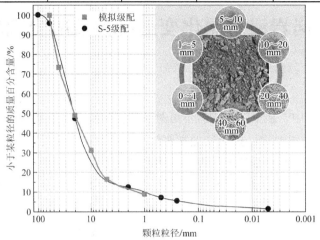

图 4.1-1　试样 S-5 筛分级配曲线及试验模拟级配曲线

4.1.2　试验设备及制样

试验采用大型高压三轴剪切仪进行 [图 4.1-2 (a)]，其最大施加围压为 4MPa，最大轴向荷载 1500kN，最大允许轴向变形 150mm。根据制样干密度（ $\rho_d = 2.0\mathrm{g/cm^3}$ ）、试样尺寸和模拟颗粒级配（ 表 4.1-1 ），分别称取粒径范围为 40～60mm、20～40mm、10～20mm、5～10mm、1～5mm、0～1mm 六种土料后，混合均匀后均分成五份。在制样过程中，采用振动器对加入的每份土样进行振实，每次振动时间依据干密度大小控制。其中，所制备试样尺寸标准为直径（ ϕ ）300mm、高度（ h ）700mm；试样装载、压缩完成后情况分别如图 4.1-2 所示。

(a) 仪器设备

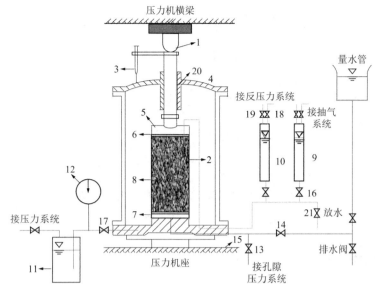

1—测力计；2—试样；3—轴向位移计；4—压力室罩；5—顶帽；6—上透水板；7—下透水板；8—橡皮膜；9—量水管；
10—体变管；11—压力库；12—压力表；13—孔隙压力阀；14—进水阀；15—排水阀；16—量水管阀；17—周围压力阀；
18—反压力阀；19—通气阀；20—排水阀；21—排气（水）阀

(b) 整体结构

图 4.1-2　大型三轴剪切仪及结构组成[155]

4.1.3　试验方案

为了探究断层破碎带岩体力学行为及浸水湿化后变形特征，本章通过大型三轴剪切强度试验和浸水湿化试验等一系列试验进行了相关研究。大型三轴剪切试验采用固结排水（CD）试验方式，主要考虑干燥、天然和饱和 3 种典型含水状态，每种含水率试样设置 4 种围压值，即 200kPa、400kPa、600kPa 和 800kPa；浸水湿化试验采用"单线法"[123]进行试验，着重考虑自然含水状态下试样在不同应力水平（S_l）下浸水到饱和的形态转变，应力水平设置为 0.2、0.4、0.8 三种情况，围压设置同三轴剪切强度试验，对应的应力加载路径如图 4.1-3 所示。其中，应力水平（S_l）表示湿化试验中停机变形时的偏应力（$\sigma_1 - \sigma_3$）与峰值强度（q_f）的比值，峰值强度（q_f）由同等试验条件下的剪切强度试验获得；$\Delta\varepsilon_s$ 为湿化变形过程的应变增量。具体的试验内容见表 4.1-2。

大型三轴试验内容　　　　　　　　　　　　　　表 4.1-2

试验顺序	试验方法	含水状态	干密度 $\rho_d/$（g/cm³）	围压 $\sigma_3/$kPa	应力水平 S_l
I	固结排水试验	饱和	2.00	200，400，600，800	
		自然	2.00	200，400，600，800	
		干燥	2.00	200，400，600，800	
II	湿化变形试验	自然→饱和	2.00	200，400，600，800	0.2
		自然→饱和	2.00	200，400，600，800	0.4
		自然→饱和	2.00	200，400，600，800	0.8

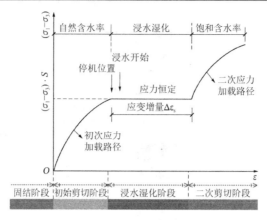

图 4.1-3　湿化试验应力加载路径

4.2　试验结果与分析

根据试验方案内容，所涉及试验历时近 4 个月，首先开展了 3 种典型含水状态下的三轴剪切强度试验，然后在此基础上进行了浸水湿化试验，取得了一系列的试验结果。

4.2.1　剪切试验

1. 偏应力-应变关系

图 4.2-1 和图 4.2-2 展示了不同围压、含水状态下试样主应力差（$\sigma_1 - \sigma_3$）与轴向位移（ε_1）的关系以及饱和含水状态下的轴向位移（ε_1）与体变（ε_v）的关系。显然，当围压发生变化时，不同含水状态试样呈现出不同的应力-应变特性。具体来说，干燥和天然试样应力-应变曲线分别主要表现为应变软化型、应变硬化型［图 4.2-1（a）、图 4.2-1（b）］，而饱和试样两者特性兼有之［图 4.2-1（c）］；而同一含水状态下试样，围压越高，试样峰值和残余强度均越大。此外，值得注意的是同一围压状态下，干燥试样的强度明显高于后两者，但峰值应变最小，而后两者强度相差甚微，对应的峰值应变却受围压影响较大（图 4.2-2）。这说明围压、含水状态不仅显著改变了试样的强度，而且极大程度地影响了其峰后走势［比如由应变软化转化为应变硬化，图 4.2-1（c）］，进而改变残余应变、残余强度。

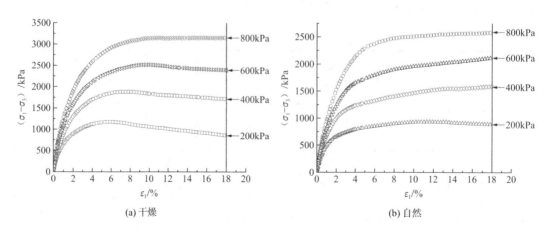

(a) 干燥　　　　　　　　　　　　　　(b) 自然

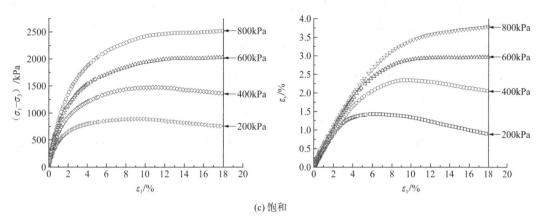

(c) 饱和

图 4.2-1　不同含水状态下围压对试样偏应力-应变曲线的影响

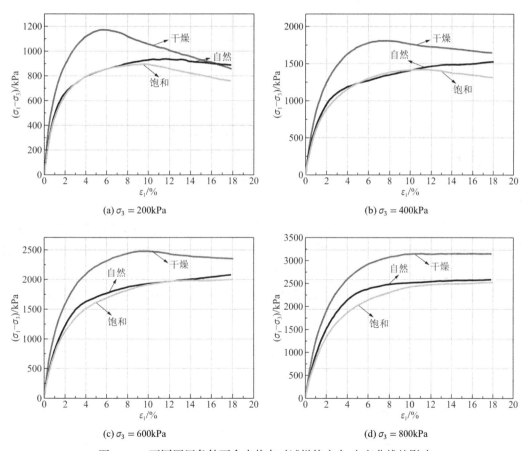

图 4.2-2　不同围压条件下含水状态对试样偏应力-应变曲线的影响

　　由图 4.2-1、图 4.2-2 可得到不同围压、含水状态试样的峰值强度、峰值应变的变化规律如图 4.2-3 所示。总体上，围压的增大将导致不同含水状态下试样的峰值强度、峰值应变均随之升高，且峰值强度与围压呈正比例关系。其中，干燥试样峰值强度从 1172.54kPa 增加到 3147.06kPa，平均比自然、饱和状态下高出 22.90% 和 27.33%，而自然和饱和试样两者峰值强度相差甚微，平均差值仅为 3.61%。然而，当围压一定时，自然含水状态试样的峰值应变最大，干燥的却最小，尤其是围压等于 400kPa 时，两者相差竟达到 90%；不过随着围压的继续增大，自然和饱和状态下两者相差越来越小，趋于一致，ε_1 均达到了 15%。以上结果表明：围压改变能显著影响此类岩体的峰值强度和峰值应变，而含水率的改变仅体现在其峰值应变方面。

因此，当断层破碎带中天然含水状态的全风化花岗岩受到地下水浸湿后，导致其向饱和含水状态改变过程中，工程实际应当关注其峰值应变的改变，而非峰值强度，该结论也间接体现了本章湿化试验的工程意义。

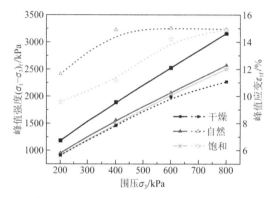

图 4.2-3　不同围压下不同含水状态试样的峰值强度和峰值应变情况

2. 变形模量

根据邓肯-张非线性本构模型[156-158]，获得试验中 3 种典型不同围压、含水状态下试样的初始弹性模量E_i，如图 4.2-4 所示。

同一含水状态下，试样的初始弹性模量E_i随着围压的增大呈正比例增加，自然试样增长率最快；而保持围压不变时，干燥试样的初始弹性模量E_i显著高于另外两者，其平均值分别达到自然、饱和状态下的 1.64 倍和 1.75 倍，但随着围压的增大，三者之间差距一定程度减小。这说明相比围压因素，含水状态对试样的弹性模量作用尤为敏感，尤其是干燥状态下的试样。

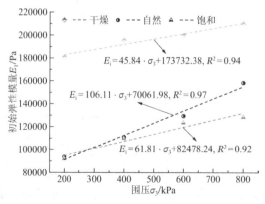

图 4.2-4　不同围压下的初始弹性模量E_i

3. 抗剪强度指标

在确定不同围压、含水状态下试样的破坏偏应力$(\sigma_1 - \sigma_3)_f$后，可获得破坏时的最大主应力$\sigma_{1f} = \sigma_3 + (\sigma_1 - \sigma_3)_f$，通过绘制极限状态摩尔圆，得出不同含水状态下试样的强度参数，即内摩擦角（φ）和黏聚力（c），如图 4.2-5 所示。

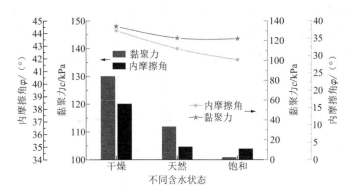

图 4.2-5　不同含水状态下试样抗剪强度指标

由此可知，不同含水状态下试样的黏聚力c主要位于[100.8kPa,130.0kPa]范围内，内摩擦角φ分布于[34.86°,38.41°]。当含水状态由干燥到饱和状态转变时，抗剪强度指标逐渐降低，但黏聚力c较内摩擦角φ降低明显，平均降幅 11.9%，而天然与饱和状态下试样的内摩擦角基本一致。这表明含水状态直接决定了试样的抗剪强度指标力学性能，低含水率环境利于提高现场岩体的强度特性，进而降低此类岩土体失稳破坏的风险。

4.2.2　湿化变形试验

基于前述剪切强度试验，进一步借助湿化试验研究试样在不同应力水平S_l、不同围压情况下浸水湿化后所产生的应变增量特性，具体如下：

1. 试验参数模型

在湿化试验中，主要考虑变形特性包括体应变ε_{vs}、轴向湿化应变ε_{1s}和湿化剪应变γ_s三个变形指标，而广义剪应变和广义体积应变可表达为[156,159]：

$$\begin{cases} \gamma_s = \sqrt{\dfrac{2}{9}\left[(\varepsilon_{1s} - \varepsilon_{2s})^2 + (\varepsilon_{2s} - \varepsilon_{3s})^2\right]} \\ \varepsilon_{vs} = \varepsilon_{1s} + \varepsilon_{2s} + \varepsilon_{3s} \end{cases} \tag{4.2-1}$$

式中：ε_{2s}、ε_{3s}为侧向应变（%）。在轴对称的情况下，侧向应变相等即$\varepsilon_{2s} = \varepsilon_{3s}$，所以式(4.2-1)可转化为：

$$\begin{cases} \gamma_s = \dfrac{2}{3}(\varepsilon_{1s} - \varepsilon_{3s}) \\ \varepsilon_{vs} = \varepsilon_{1s} + 2\varepsilon_{3s} \end{cases} \tag{4.2-2}$$

或者，可得体应变ε_{vs}、轴向湿化应变ε_{1s}和湿化剪应变γ_s三者之间的关系，即：

$$\gamma_s = \varepsilon_{1s} - \frac{1}{3}\varepsilon_{vs} \tag{4.2-3}$$

2. 湿化变形的应力-应变关系

图 4.2-6 展示了不同应力水平、不同围压条件下试样由自然含水状态过渡到饱和过程中呈现出的偏应力-应变曲线，对应的湿化应变增量如图 4.2-7 所示。由图 4.2-6 可得，在同一围压条件下，尽管湿化变形试验中施加应力水平不同，但偏应力-应变路径保持一致，仅区别在体应变路径上，相互差别较小，总体上表现为应力水平越大，体应变量瞬时值ε_{vs}越小，但体应变增量$\Delta\varepsilon_{vs}$越大。此外，在同一应力水平下，围压对偏应力、体应变的应力、应变的路径作用明显，其值均随着围压增大而增大。

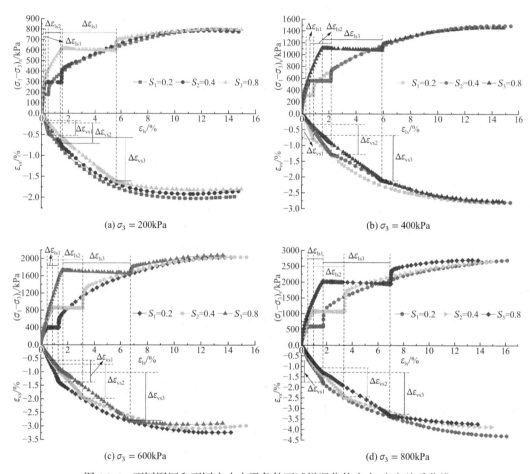

(a) $\sigma_3 = 200\text{kPa}$　　　　　　　　(b) $\sigma_3 = 400\text{kPa}$

(c) $\sigma_3 = 600\text{kPa}$　　　　　　　　(d) $\sigma_3 = 800\text{kPa}$

图 4.2-6　不同围压和不同应力水平条件下试样湿化偏应力-应变关系曲线

分析图 4.2-7 得出，在同一应力水平下，轴向应变增量$\Delta\varepsilon_{1s}$、体变增量$\Delta\varepsilon_{vs}$及剪切应变增量$\Delta\gamma_s$，随着围压的增大而增大；在同围压条件下，随着应力水平的增大而增大，而相对低围压，高围压条件下，应变增量$\Delta\varepsilon$较大。具体来说，当应力水平逐级增加 1 倍时，$\Delta\varepsilon_{1s}$、$\Delta\varepsilon_{vs}$及$\Delta\gamma_s$分别平均增大 2.59 倍、1.41 倍、3.17 倍；而低围压下对应增量大于平均值，高围压则小于平均值，且应力水平越高，对应的应变增量$\Delta\varepsilon$越明显。这说明应力水平、围压对试样由天然到饱和状态下的$\Delta\varepsilon_{1s}$、$\Delta\gamma_s$影响明显，$\Delta\varepsilon_{vs}$次之，应该尽量避免湿化变形发生在高围压、高应力水平下，以便抑制围岩体的整体宏观变形量。

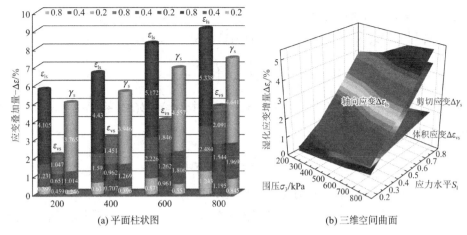

(a) 平面柱状图　　　　　　　　(b) 三维空间曲面

图 4.2-7　不同围压和不同应力水平条件下湿化过程应变增量

3. 湿化变形指标及数学模型

考虑以轴向应变、体应变和剪应变增量三个指标衡量此类岩体浸水湿化产生的变形特性，构建反映岩土体浸水湿化后其具有的湿化数学模型。在此，考虑围压变量 $\lg(\sigma_3/p_a)$ 和（或）应力水平变量 $S_l/(1-S_l)$ 为横坐标，湿化应变量（ε_{1s}、ε_{vs} 和 γ_s）为纵坐标，采用统计软件进行回归拟合分析，得出三种湿化应变增量与围压变量 $[\lg(\sigma_3/p_a)]$ 之间的关系，如图 4.2-8 所示。

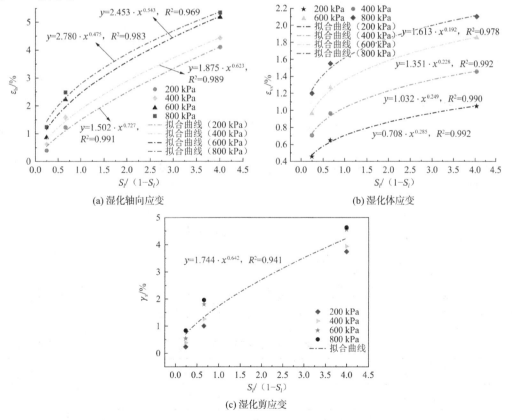

(a) 湿化轴向应变　　　　　　　(b) 湿化体应变

(c) 湿化剪应变

图 4.2-8　湿化应变增量与 $S_l/(1-S_l)$ 的关系

根据图 4.2-8 拟合结果的表现特征，设 $\varphi(\sigma_3)$、$\xi(\sigma_3)$ 为模型参数变量，$S_l/(1-S_l)$ 为应力水平变量，得到反映此类岩体湿化应变量的函数模型 $\psi(\sigma_3, S_l)$，即：

$$\psi(\sigma_3, S_l) = \varphi(\sigma_3) \cdot \left(\frac{S_l}{1-S_l}\right)^{\xi(\sigma_3)} \tag{4.2-4}$$

考虑剪应变时，围压作用甚微，将此略去，此时 $\varphi(\sigma_3)$、$\psi(\sigma_3)$ 变为常量，此时式(4.2-4)转化为：

$$\psi(S_l) = b_{\mathrm{w}} \cdot \left(\frac{S_l}{1-S_l}\right)^{n_{\mathrm{w}}} \tag{4.2-5}$$

式中：b_{w}、n_{w} 均为常量，分别为 1.744 和 0.642。

进一步地，根据图 4.2-8 结果，整理得出参数变量 $\varphi(\sigma_3)$、$\xi(\sigma_3)$ 与围压变量 $[\lg(\sigma_3/p_{\mathrm{a}})]$ 之间的关系，如图 4.2-9 所示。

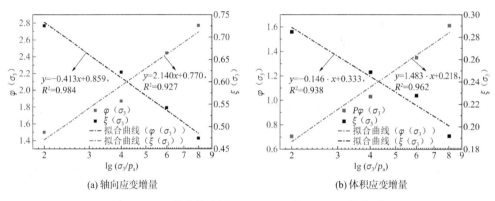

(a) 轴向应变增量　　　　　　　　　　(b) 体积应变增量

图 4.2-9　σ_3 的参数变量 $\varphi(\sigma_3)$、$\xi(\sigma_3)$ 与 $\lg(\sigma_3/p_{\mathrm{a}})$ 的关系

由图 4.2-9 可知，$\varphi(\sigma_3)$、$\xi(\sigma_3)$ 与 $\lg(\sigma_3/p_{\mathrm{a}})$ 呈高度线性关系，其外观特征表达式为：

$$\begin{cases} \varphi(\sigma_3) = e_{\mathrm{w}} \cdot \lg(\sigma_3/p_{\mathrm{a}}) + f_{\mathrm{w}} \\ \xi(\sigma_3) = g_{\mathrm{w}} \cdot \lg(\sigma_3/p_{\mathrm{a}}) + k_{\mathrm{w}} \end{cases} \tag{4.2-6}$$

将式(4.2-6)代入式(4.2-4)、式(4.2-5)后，获得湿化应变增量关于围压、应力水平的数学计算模型，即：

$$\begin{cases} \varepsilon_{1\mathrm{s,vs}} = [e_{\mathrm{w}} \cdot \lg(\sigma_3/p_{\mathrm{a}}) + f_{\mathrm{w}}] \cdot \left(\frac{S_l}{1-S_l}\right)^{[g_{\mathrm{w}} \cdot \lg(\sigma_3/p_{\mathrm{a}}) + k_{\mathrm{w}}]} \\ \gamma_{\mathrm{s}} = b_{\mathrm{w}} \cdot \left(\frac{S_l}{1-S_l}\right)^{n_{\mathrm{w}}} \end{cases} \tag{4.2-7}$$

式中：e_{w}、f_{w}、g_{w} 及 k_{w} 为湿化轴向应变、体变模型参数，b_{w}、n_{w} 为湿化剪应变模型参数。因此，获得反映全风化花岗岩浸水湿化变形的具体模型参数，如表 4.2-1 所示。

全风化花岗岩湿化变形模型参数　　　　　　　　　　　　表 4.2-1

湿化应变量	e_{w}	f_{w}	g_{w}	k_{w}	b_{w}	n_{w}
$\varepsilon_{1\mathrm{s}}$	−0.413	0.859	2.140	0.770	0	0
$\varepsilon_{\mathrm{vs}}$	−0.146	0.333	1.483	0.218	0	0

湿化应变量	e_w	f_w	g_w	k_w	b_w	n_w
γ_s	0	0	0	0	1.744	0.642

4.3　浸水湿化时变效应模型

4.3.1　湿化变形过程

图 4.3-1 所示为不同围压下试样浸水湿化后随时间的变形过程。如图 4.3-1（a）所示，浸水湿化的试样初始应变率变化非常快，但很快趋于稳定。明显地，浸水湿化后的试样变形过程可分为 3 个阶段：（1）加速变形阶段 Ⅰ（OA/OA′/OA″）：在变形初期很短时间内（约 0.5h）变形显著，对应的应变率也较大；（2）减速变形阶段 Ⅱ（AB/AB′/AB″）：试样的应变速率明显降低，但仍处于变形过程中，持续时间约 3h；（3）稳定变形阶段 Ⅲ（BC/BC′/BC″）：该阶段内试验的应变率逐渐趋于 0，试样累积变形基本保持不变，一般时间超过 22h。同样的，在其他围压条件下［即图 4.3-1（b）、图 4.3-1（c）和图 4.3-1（d）］，也会发生以上相似的湿化变形规律。

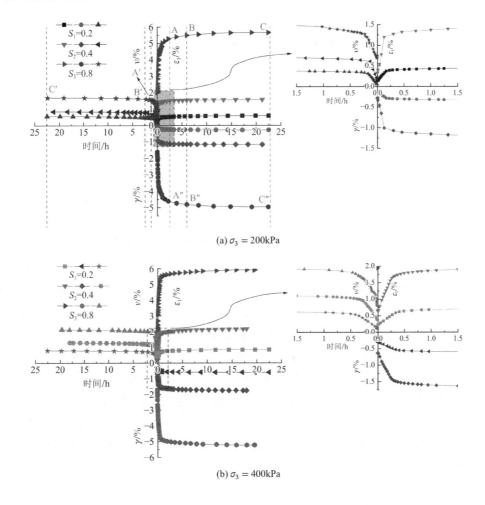

(a) $\sigma_3 = 200\text{kPa}$

(b) $\sigma_3 = 400\text{kPa}$

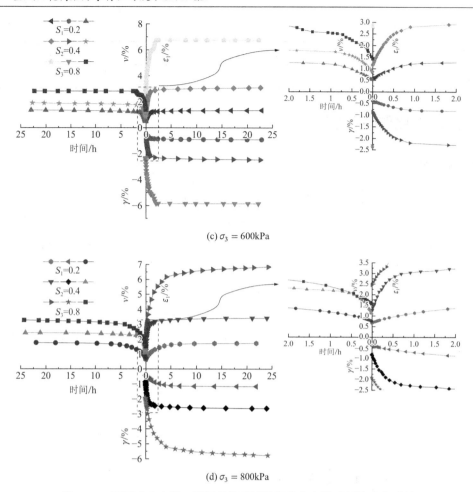

(c) $\sigma_3 = 600\text{kPa}$

(d) $\sigma_3 = 800\text{kPa}$

图 4.3-1   不同应力水平、围压条件下试样湿化应变随时间的变化过程

4.3.2   湿化变形临界稳定时间

　　基于图 4.3-1 湿化变化结果，不难发现试样的湿化应变在加速、减速阶段具有较短时效的快速变化特征，且前者变形过程更为迅速，此时考虑湿化应变进入稳定变形的临界时间点显得尤为重要。为此，以湿化应变变化速率作为判定指标，获得试样在不同条件下稳定临界时间点的变化规律。首先，以湿化应力水平为 0.2、围压等于 200kPa 时的情况为切入点（图 4.3-2），分析得出判定其湿化应变速率进入稳定阶段的临界值及其对应的时间点。其次，通过已确定的判定应变速率值作为标准，进而总结出其他各类情况。具体地，由图 4.3-2（a）可知，湿化轴向应变速率会在极短时间内急剧上升达到最大值，接着经过几次波动后，又在极短时间内下降到一个接近 0 的较小值，然后保持长时间相对稳定。然而对比三个应变速率指标的变化情况，不难发现，它们的变化规律基本保持一致[图 4.3-2（b）]，这样可根据其中一个湿化应变指标（比如轴向应变ε_1）进入稳定变形的临界点，即可获知其他两者的情况。以此类推，通过对比其他各种条件下的变形情况，综合考虑以轴向应变速率等于 0.06%/h 时作为湿化变形进入稳定阶段的临界时间节点，获得不同条件下的各种情况，如图 4.3-3 所示。

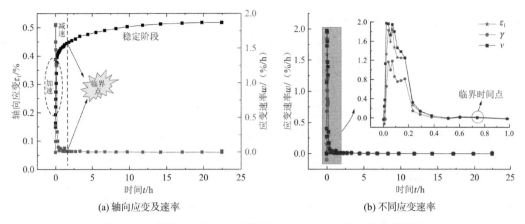

(a) 轴向应变及速率 (b) 不同应变速率

图 4.3-2 湿化应力为 0.2、围压为 200kPa 时对应应变速率规律

根据图 4.3-3 可知，当应力水平改变时，较低围压下稳定时间波动较小且大多不超过 2h，而当围压增加到 800kPa 后，对应的稳定时间变化范围较大，其中应力水平等于 0.4 时其值最小，此时时间为 3.19h，应力水平为 0.8 时最大，其值为 5.98h。当围压增大时，湿化应变进入稳定时的时间越长，且在 800kPa 时，其稳定时间显著高于其他围压情况。以上情况说明，在较低围压条件下，不同应力水平对试样湿化变形进入稳定临界时间影响作用较小，但高围压时（800kPa），其值显著提高，影响效果明显，这意味着稳定阶段持续时间明显减小。这可能是由于高围压下，试样的湿化加载应力值越大，在两者的共同作用下试样内部孔隙被极大程度上压密，造成了较低的初始孔隙率及渗透性，极大地抑制了湿化变形，但这并不妨碍其在加速和减速阶段依然形成较大的湿化应变增量，且应力水平越高其增量亦越大。由此可知，围压不但有利于提高试样峰值强度，更有助于增加湿化变形进入稳定变形时间，而应力水平主要对湿化各个阶段的应变增量起到关键作用。

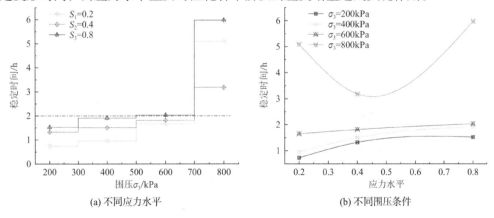

(a) 不同应力水平 (b) 不同围压条件

图 4.3-3 不同条件下湿化变形进入稳定阶段的临界时间

4.3.3 模型构建及验证

1. 模型函数构建

在本章湿化试验中，湿化变形是基于一定的应力水平和围压条件下对试样浸水后其呈现的一种应变-时间的动态响应。根据图 4.3-1 展示的湿化变形过程，分析可得出代表性的

浸水湿化试验路径曲线，如图 4.3-4 所示。进而，结合滞后理论[160,161]，不难得出试样湿化应变应该包括两个部分，即：（1）瞬时弹塑性应变ε_{ep}，即初始应变；（2）滞后应变，即湿化变形引起的与时间有关的应变增量$\Delta\varepsilon_s(t)$。

$$\varepsilon_s(t) = \varepsilon_{ep} + \Delta\varepsilon_s(t) \tag{4.3-1}$$

式中：弹塑性应变ε_{ep}是初次应力加载过程中产生的仅与应力水平和围压有关，而与时间无关的弹性或弹塑性变形，即定为瞬时变形。湿化应变增量$\Delta\varepsilon_s(t)$是在湿化过程中随着应变速率的增加、衰减到稳定产生的与时间相依的非线性变形，包括可恢复的湿化弹性变形$\Delta\varepsilon_{se}$和不可恢复的塑性变形$\Delta\varepsilon_{sp}$。因此，为了构建能够合理描述试样浸水湿化时变效应模型，所建模型必须能同时考虑瞬时弹性应变、与时间有关的非线性弹塑性变形等特征。

基于非线性流变理论，分别用凯尔文（Kelvin）体描述加速、减速的初始阶段，马克斯威尔（Maxwell）体描述等速稳定阶段，由此构成伯格斯（Burgers）体蠕变模型来表征湿化应变与时间之间的关系，并对试验结果进行参数识别和分析。Burgers 蠕变模型是一种黏弹性体，由马克斯威尔（Maxwell）体与凯尔文（Kelvin）体串联而成，其力学模型及曲线形式如图 4.3-5 所示[162,163]。

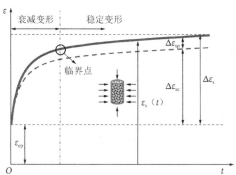

图 4.3-4　代表性的试样湿化试验路径曲线

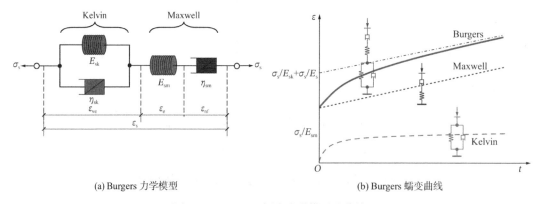

(a) Burgers 力学模型　　　　　　　(b) Burgers 蠕变曲线

图 4.3-5　Burgers 蠕变力学模型及曲线

根据流体元件的串并联计算原理，即可求出整个模型的应力-应变的本构方程。

对于凯尔文（Kelvin）体，其本构关系为：

$$\sigma_{sk} = \eta_{sk}\dot{\varepsilon}_{ve} + E_{sk}\varepsilon_{ve} \tag{4.3-2}$$

对于马克斯威尔（Maxwell）体，有：

$$\dot{\varepsilon}_{sm} = \frac{1}{E_{sm}} \dot{\sigma}_{sm} + \frac{1}{\eta_{sm}} \sigma_{sm} \tag{4.3-3}$$

因以上两者串联，以下关系成立：

$$\begin{cases} \varepsilon_s = \varepsilon_{ve} + \varepsilon_e + \varepsilon_v \\ \dot{\varepsilon}_s = \dot{\varepsilon}_{ve} + \dot{\varepsilon}_e + \dot{\varepsilon}_v \\ \sigma_s = \sigma_{sk} = \sigma_{sm} = \eta_{sk}\dot{\varepsilon}_{ve} + E_{sk}\dot{\varepsilon}_{ve} \end{cases} \tag{4.3-4}$$

将式(4.3-2)、式(4.3-3)代入式(4.3-4)，可得：

$$\sigma_s = \eta_{sk}\ddot{\varepsilon} - \eta_{sk}\left(\frac{1}{E_{sm}}\dot{\sigma}_s + \frac{1}{\eta_{sm}}\sigma_s\right) + E_{sk}(\varepsilon_s - \varepsilon_{sm}) \tag{4.3-5}$$

对式(4.3-5)两边各进行一次微分，化简可得 Burgers 体的本构方程，即：

$$\sigma_s + \frac{\eta_{sk}\eta_{sm}}{E_{sk}E_{sm}}\ddot{\sigma}_s + \left(\frac{\eta_{sk}}{E_{sk}} + \frac{\eta_{sm}}{E_{sk}} + \frac{\eta_{sm}}{E_{sm}}\right)\dot{\sigma}_s = \eta_{sm}\dot{\varepsilon}_s + \frac{\eta_{sk}\eta_{sm}}{E_{sk}}\ddot{\varepsilon}_s \tag{4.3-6}$$

对式(4.3-6)进行 Laplace 变换，可得 Burgers 蠕变模型为：

$$\varepsilon_s = \frac{\sigma_s}{E_{sm}} + \frac{\sigma_s}{\eta_{sm}}t + \frac{\sigma_s}{E_{sk}}\left[1 - \exp\left(-\frac{E_{sk}}{\eta_{sk}}t\right)\right] \tag{4.3-7}$$

对于湿化变形，其恒定荷载由应力水平表达出对应的偏应力值，由下式知：

$$(\sigma_1 - \sigma_3)_s = (\sigma_1 - \sigma_3)_f S \tag{4.3-8}$$

将式(4.3-8)代入式(4.3-7)，得：

$$\varepsilon_s = \frac{(\sigma_1 - \sigma_3)_f S}{E_{sm}} + \frac{(\sigma_1 - \sigma_3)_f S}{\eta_{sm}}t + \frac{(\sigma_1 - \sigma_3)_f S}{E_{km}}\left[1 - \exp\left(-\frac{E_{km}}{\eta_{km}}t\right)\right] \tag{4.3-9}$$

再者，由于黏弹性参数具有随应力水平、围压等不同程度变化时的非定常性，意味着其与应力水平、围压两者之间存在某种函数关系。此时：

$$\varepsilon_s(S, \sigma_3) = \frac{(\sigma_1 - \sigma_3)_f S}{E_{sm}(S, \sigma_3)} + \frac{(\sigma_1 - \sigma_3)_f S}{\eta_{sm}(S, \sigma_3)}t + \frac{(\sigma_1 - \sigma_3)_f S}{E_{sk}(S, \sigma_3)}\left\{1 - \exp\left[-\frac{E_{sk}(S, \sigma_3)}{\eta_{sk}(S, \sigma_3)}t\right]\right\} \tag{4.3-10}$$

由分析得出 $t = 0$ 时，瞬时初始弹性应变为：

$$\varepsilon_{s0}(S, \sigma_3) = \frac{(\sigma_1 - \sigma_3)_f S}{E_{sm}(S, \sigma_3)} \tag{4.3-11}$$

实际上，式(4.3-10)表达的是与湿化应力和围压有关的一维蠕变方程，难以描述处于三维应力状态下围岩体的蠕变特性。为了便于与室内试验结果进行对比分析，需借助弹塑性力学理论，将此一维蠕变方程扩展为三维表达形式。在三维应力状态下，应力张量可分解为球形应力张量和偏应力张量，前者仅引起单元体体积变化，无畸变变形，而后者则引起剪应变，即只引起单元体几何形状的改变而不发生体积大小的变化。相应地，与应力张量类似，单元体应变张量也可分解为球形应变张量和偏应变张量，各自对应的状态张量表达式为[164,165]：

$$\begin{cases} \sigma_{ij} = \delta_{ij}\sigma_m + S_{ij} \\ \varepsilon_{ij} = \delta_{ij}\varepsilon_m + e_{ij} \end{cases} \tag{4.3-12}$$

式中：σ_m 和 S_{ij} 分别表示球应力张量和偏应力张量；ε_m 和 e_{ij} 分别表示球应变张量和偏应变张量；δ_{ij} 为 Kronecker 符号。其中：

$$
\begin{cases}
\sigma_{\mathrm{m}} = \dfrac{1}{3}(\sigma_{11} + \sigma_{22} + \sigma_{33}) = \dfrac{1}{3}\sigma_{kk} \\[2mm]
\varepsilon_{\mathrm{m}} = \dfrac{1}{3}(\varepsilon_{11} + \varepsilon_{22} + \varepsilon_{33}) = \dfrac{1}{3}\varepsilon_{kk}
\end{cases}
\tag{4.3-13}
$$

根据广义胡克定律[166,167]，弹性体的三维应力表达式为：

$$
\begin{cases}
\sigma_{\mathrm{m}} = 3K\varepsilon_{\mathrm{m}} \\[1mm]
S_{ij} = 2Ge_{ij}
\end{cases}
\tag{4.3-14}
$$

式中：K、G分别为体积模量和剪切模量，其表达式由式(4.3-15)获得，E和μ分别为材料的弹性模量和泊松比。

$$
\begin{cases}
K = \dfrac{E}{3(1 - 2\mu)} \\[3mm]
G = \dfrac{E}{2(1 + \mu)}
\end{cases}
\tag{4.3-15}
$$

由此三维弹性本构方程张量形式写成如下统一形式：

$$
\varepsilon_{ij}^{\mathrm{e}} = \frac{S_{ij}}{2G} + \frac{\sigma_{\mathrm{m}}}{3K}\delta_{ij}
\tag{4.3-16}
$$

而牛顿黏性体有：

$$
\varepsilon_{ij}^{\mathrm{nf}} = \frac{t}{2\eta_{\mathrm{sm}}}S_{ij}
\tag{4.3-17}
$$

对应 Kelvin 黏弹性体的三维蠕变方程，可仿照一维形式得出，即：

$$
\varepsilon_{ij}^{\mathrm{ve}} = \frac{1}{2G_{\mathrm{sk}}}\left[1 - \exp\left(-\frac{G_{\mathrm{sk}}}{\eta_{\mathrm{sk}}}t\right)\right]S_{ij}
\tag{4.3-18}
$$

同理，结合式(4.3-16)和式(4.3-17)可得 Maxwell 黏弹性体的三维蠕变方程，如下：

$$
\varepsilon_{ij}^{\mathrm{sm}} = \varepsilon_{ij}^{\mathrm{h}} + \varepsilon_{ij}^{\mathrm{nf}} = \frac{S_{ij}}{2G_{\mathrm{sm}}} + \frac{\sigma_{\mathrm{m}}}{3K_{\mathrm{sm}}}\delta_{ij} + \frac{t}{2\eta_{\mathrm{sm}}}S_{ij}
\tag{4.3-19}
$$

式中：G_{sm}、K_{sm}为 Maxwell 黏弹性体的体积模量和剪切模量。

基于以上分析，将式(4.3-18)和式(4.3-19)代入式(4.3-10)，即得三向应力状态下湿化时变效应模型方程表达式：

$$
\varepsilon_{\mathrm{s}}(S, \sigma_3, t) =
\begin{cases}
\dfrac{(S_{ij})_{\mathrm{s}}}{2G_{\mathrm{sm}}(S, \sigma_3)} + \dfrac{(\sigma_{\mathrm{m}})_{\mathrm{s}}}{3K(S, \sigma_3)}\delta_{ij} + \\[3mm]
\dfrac{(S_{ij})_{\mathrm{s}}}{2G_{\mathrm{sk}}(S, \sigma_3)}\left\{1 - \exp\left[-\dfrac{G_{\mathrm{sk}}(S, \sigma_3)t}{\eta_{\mathrm{sk}}(S, \sigma_3)}\right]\right\} + \dfrac{(S_{ij})_{\mathrm{s}}}{2\eta_{\mathrm{sm}}(S, \sigma_3)}t
\end{cases}
\tag{4.3-20}
$$

式中：$(S_{ij})_{\mathrm{s}}$为湿化偏应力张量，与湿化应力水平和围岩有关。

在三向应力状态下的压缩蠕变试验中，应力满足：

$$
\begin{cases}
\sigma_1 \geqslant \sigma_2 = \sigma_3 \\[1mm]
(\sigma_{\mathrm{m}})_{\mathrm{s}} = \dfrac{1}{3}(\sigma_1 + 2\sigma_3) \\[2mm]
(S_{ij})_{\mathrm{s}} = \dfrac{2}{3}(\sigma_1 - \sigma_3)
\end{cases}
\tag{4.3-21}
$$

由此，式(4.3-20)可简化为：

$$\varepsilon_s(S,\sigma_3,t) = \begin{cases} \dfrac{\sigma_1 + 2\sigma_3}{9K_{sm}(S,\sigma_3)} + \dfrac{\sigma_1 - \sigma_3}{3G_{sm}(S,\sigma_3)} + \\ \dfrac{\sigma_1 - \sigma_3}{3G_{sk}(S,\sigma_3)}\left\{1 - \exp\left[-\dfrac{G_{sk}(S,\sigma_3)}{\eta_{sk}(S,\sigma_3)}t\right]\right\} + \dfrac{\sigma_1 - \sigma_3}{3\eta_{sm}(S,\sigma_3)}t \end{cases} \tag{4.3-22}$$

2. 模型参数辨识与验证

为评价本章所建的湿化时变效应蠕变模型的合理性，需对模型参数进行参数辨识，共包括 E_{sm}、E_{sk}、η_{sk}、η_{sm} 5 个参数。其中，E_{sm} 为瞬时弹性参数，可由蠕变瞬时变形阶段的弹性参数进行求得；而 G_{sk}、η_{sk}、η_{sm} 为蠕变特性参数，可由非线性拟合方法求得。为此，本章基于湿化试验结果，采用最小二乘算法对模型进行参数识别。

首先，考虑对模型方程［式(4.3-10)］进行参数简化，重新定义系数参量，得到化简后方程，见式(4.3-23)。

$$\varepsilon(t) = A + Bt + C[1 - \exp(-Dt)] \tag{4.3-23}$$

式中：

$$\begin{cases} A = \dfrac{(\sigma_1 - \sigma_3)_f S}{E_{sm}(S,\sigma_3)} \\ B = \dfrac{(\sigma_1 - \sigma_3)_f S}{\eta_{sm}(S,\sigma_3)} \\ C = \dfrac{(\sigma_1 - \sigma_3)_f S}{E_{sk}(S,\sigma_3)} \\ D = \dfrac{E_{sk}(S,\sigma_3)}{\eta_{sk}(S,\sigma_3)} \end{cases} \tag{4.3-24}$$

其次，运用 MATLAB 软件针对不同试验工况下试验结果进行非线性拟合，获得识别参数 A、B、C、D，代入式(4.3-24)后求得模型参数 E_{sm}、η_{sm}、E_{sk}、η_{sk}。表 4.3-1～表 4.3-3 分别列出了湿化轴向应变（ε_{1s}）、湿化剪应变（γ_s）及湿化体应变（υ_s）的湿化效应模型参数结果。

湿化轴向应变模型拟合参数　　　　　　　　　　　表 4.3-1

σ_3/kPa	S_l	$(\sigma_1 - \sigma_3)_s$/kPa	E_{sm}/kPa	η_{sm}/（MPa·h）	E_{sk}/kPa	η_{sk}/（kPa·h）	R^2
200	0.2	179.64	1402.34	45.34	566.69	80.53	0.988
200	0.4	297.05	1029.64	48.66	267.13	30.56	0.990
200	0.8	613.65	333.51	16.56	196.62	41.83	0.986
400	0.2	304.85	1058.14	90.86	603.30	181.50	0.996
400	0.4	553.59	826.38	45.04	418.12	84.78	0.993
400	0.8	1097.50	530.71	56.78	309.77	59.74	0.996
600	0.2	390.45	709.78	118.71	530.36	290.13	0.997
600	0.4	851.69	752.38	106.94	472.90	181.67	0.999
600	0.8	1703.94	574.49	239.15	461.65	258.48	0.992
800	0.2	583.31	873.74	150.34	578.68	992.42	0.999
800	0.4	1059.74	883.12	83.64	533.61	168.22	0.998
800	0.8	2000.82	799.69	73.10	533.69	732.19	0.999

进一步地，基于不同试验工况（围压、应力水平）下湿化试验所对应的模型参数，便可以试验时间为相同自变量建立模型理论曲线与对应的试验数据进行对比分析。其中，图 4.3-6 展示了湿化轴向应变的对比结果。另外，鉴于湿化剪应变、湿化体应变与湿化轴向应变随时间变化趋势具有显著的一致性，对两者仅考虑应力水平为 0.4 时的对比情况，如图 4.3-7 所示。

湿化剪应变模型拟合参数　　　　　　　　　　　　表 4.3-2

σ_3/kPa	S_l	$(\sigma_1-\sigma_3)_s$/kPa	E_{sm}/kPa	η_{sm}/（MPa·h）	E_{sk}/kPa	η_{sk}/（kPa·h）	R^2
200	0.2	179.64	1548.62	79.14	896.85	133.68	0.987
200	0.4	297.05	1268.36	63.92	317.87	36.98	0.990
200	0.8	613.65	379.97	18.04	214.56	45.93	0.986
400	0.2	304.85	1316.85	160.53	941.77	285.30	0.995
400	0.4	553.59	1040.00	56.64	519.32	105.98	0.994
400	0.8	1097.50	621.11	65.17	345.67	66.59	0.996
600	0.2	390.45	1010.48	224.27	823.91	452.95	0.997
600	0.4	851.69	998.58	143.17	573.92	220.57	0.999
600	0.8	1703.94	687.90	272.15	524.13	292.48	0.992
800	0.2	583.31	1408.62	300.83	827.16	1407.44	0.999
800	0.4	1059.74	1278.95	110.59	662.34	207.82	0.998
800	0.8	2000.82	1015.13	85.95	611.50	840.08	0.999

湿化体应变模型拟合参数　　　　　　　　　　　　表 4.3-3

σ_3/kPa	S_l	$(\sigma_1-\sigma_3)_s$/kPa	E_{sm}/kPa	η_{sm}/（MPa·h）	E_{sk}/kPa	η_{sk}/（kPa·h）	R^2
200	0.2	179.64	4956.95	35.51	512.52	67.28	0.988
200	0.4	297.05	1826.88	68.10	557.32	58.32	0.991
200	0.8	613.65	908.44	67.72	783.42	156.37	0.988
400	0.2	304.85	1796.41	69.76	559.77	166.25	0.997
400	0.4	553.59	1340.74	73.41	715.51	141.13	0.994
400	0.8	1097.50	1215.39	147.18	995.01	194.07	0.996
600	0.2	390.45	795.54	84.00	496.25	268.97	0.998
600	0.4	851.69	1017.19	140.91	894.44	342.96	0.999
600	0.8	1703.94	1160.72	730.68	1287.94	741.90	0.991
800	0.2	583.31	767.11	100.73	640.86	1120.97	0.998
800	0.4	1059.74	951.29	114.52	916.73	294.96	0.997
800	0.8	2000.82	1256.80	162.80	1400.15	1902.38	0.999

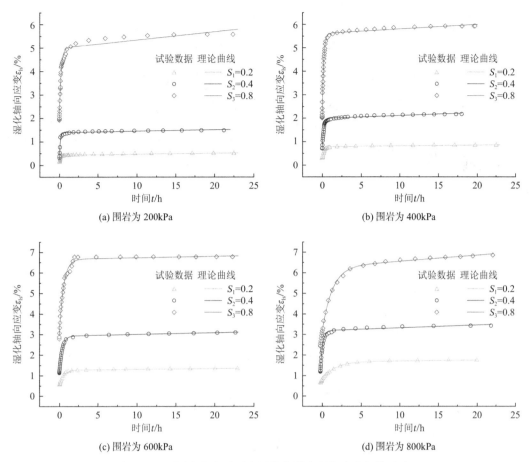

(a) 围岩为 200kPa (b) 围岩为 400kPa

(c) 围岩为 600kPa (d) 围岩为 800kPa

图 4.3-6　不同应力水平下全风化花岗岩湿化试验与模型对比

由图 4.3-6、图 4.3-7 可知，在任何围压、应力水平下，模型曲线与湿化试验数据基本上完全重合在一起，对应的拟合度极高，均达到 0.98 以上（表 4.3-1～表 4.3-3），这表明了所建湿化时变效应模型不仅能描述全风化花岗岩在衰减蠕变和稳定蠕变阶段呈现非线性及线性增长的黏弹性变形行为，也能较为准确地反映其瞬时弹性变形行为。因此，所构建的时变效应模型是合理可靠的，可用于表征当现场工况条件改变时全风化花岗岩浸水湿化后所具有的显著时变效应特征。

3. 模型参数变化规律

为了更好地服务于其他各类工况下工程现场数值模拟计算，本部分继续采用了第 3 章中的多元非线性回归模型（MNLR）来预测上述湿化轴向应变的模型参数，建立其定量的简化函数方程[117,139]。根据浸水湿化情况，考虑围压系数（σ_3/p_a）、应力水平（S_l）2 个自变量，由此形成对模型参数的二元二次非线性回归方程，即：

$$\alpha(S_l, \sigma_3/p_a) = \xi_0 + \xi_1 S_l + \xi_2(\sigma_3/p_a) + \xi_3 S_l{}^2 + \xi_4(\sigma_3/p_a)^2 + \xi_5 S_l(\sigma_3/p_a) \tag{4.3-25}$$

式中：$\xi_0 \sim \xi_5$ 是 6 个回归系数，可通过定义矩阵形式的自变量和因变量并求解一组方程得到。

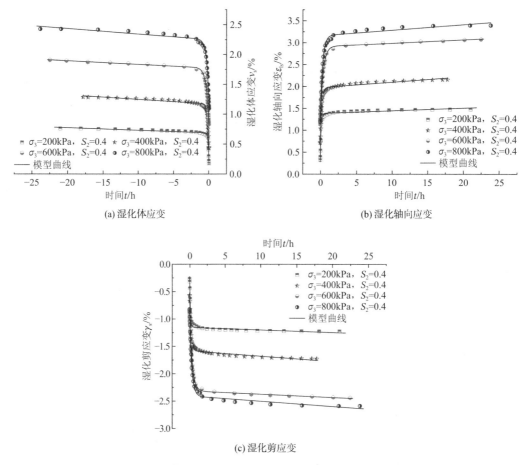

图 4.3-7   不同围压下应力水平为 0.4 时湿化试验与模型曲线对比

基于表 4.3-1 全风化花岗岩浸水湿化轴向应变的每个模型参数对应的 12 个数据点，得到了关于每个模型参数的二元非线性回归模型系数，见表 4.3-4。图 4.3-8 显示了全风化花岗岩湿化变形时效模型参数回归模型预测值与试验值之间的相关性。由此可知，除了参数 η_{sm} 与试验值存在一定偏差外，其余参数的相关系数均在 0.82 以上，总体上 MNLR 回归模型较好地定量反映模型参数随应力水平和围压的变化规律，以适用其他湿化条件下的参数确定，这也为后续章节工程应用提供可靠的参考依据。

关于湿化轴向应变时变效应模型参数的回归系数   表 4.3-4

模型参数	MNLR 参数						R^2
	ξ_0	ξ_1	ξ_2	ξ_3	ξ_4	ξ_5	
E_{sm}	2227.37	−1978.57	−326.89	−154.29	18.13	276.10	0.934
η_{sm}	18.52	−278.22	44.12	253.21	−2.91	−4.98	0.735
E_{sk}	796.61	−1805.61	15.36	1025.55	−2.49	91.24	0.933
η_{sk}	763.48	−2702.93	−121.25	2589.27	22.70	−14.96	0.825

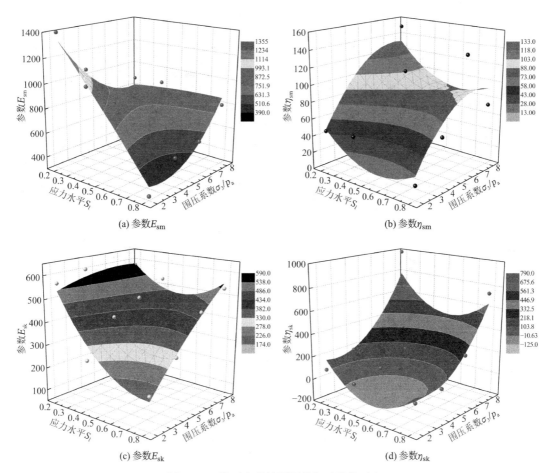

图 4.3-8　模型参数的预测值与试验值对比

4.4　讨论与分析

4.4.1　湿化变形前后对比

一般而言，现场围岩体湿化浸水严重制约着围岩整体稳定性，关注现场水力环境改变后岩体的力学强度和变形特性，这是分析工后支护控制的重要依据[72,155,168]。基于上述剪切强度试验和湿化试验结果，本节讨论了天然含水状态断层破碎带全风化花岗岩浸水湿化前后的力学强度和变形特征，如图 4.4-1 所示。

由图 4.4-1（a）可知，当围压较低时（Ⓐ），在经历短暂的应变后，湿化试验大大减弱了试样的瞬时强度和峰值强度，明显改变了强度试验的应力路径，使得试样应变软化明显。达到 400kPa 时（Ⓑ），这种趋势整体减弱；而在 600kPa 时（Ⓒ），两者除了停机变形不同外，其他应力阶段基本一致。然而，当围压增大到 800kPa 时（Ⓓ），在接近峰值强度前一段应力路径发生交叉转变，使得湿化试验偏应力强度大于强度试验，有助于提高试样后期强度。这种变化趋势，也可在图 4.4-1（b）中进行体现。

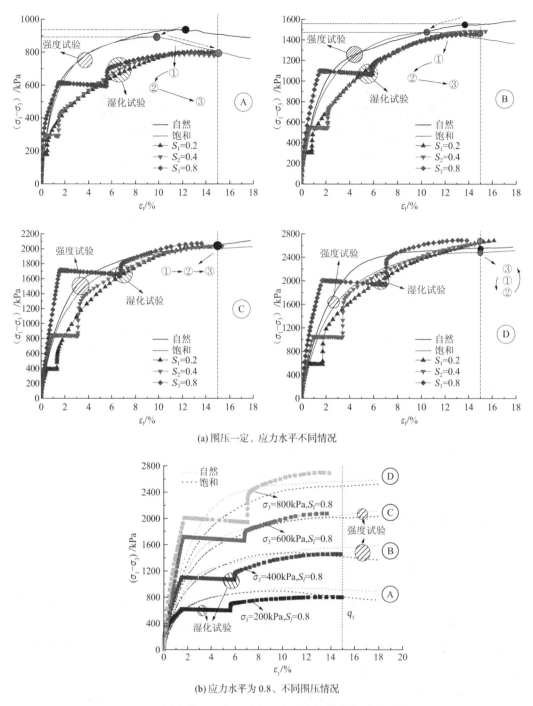

(a) 围压一定、应力水平不同情况

(b) 应力水平为 0.8、不同围压情况

图 4.4-1　不同条件下强度试验与湿化试验的偏应力-应变曲线对比

　　对比不同条件下湿化试验与强度试验的体变情况发现 [图 4.4-2（a）]，试样前期体变两者相差较小。随着应变的增大，湿化变形呈现出比强度试样更大的体变特征，尤其是在低围压（200kPa）较为明显时；而在高围压（800kPa）环境下，这种趋势较为弱化，但主要影响在于应力水平，即应力水平越低，两者体变差别就越大 [图 4.4-2（b）]。由此可知，

围压和应力水平对湿化变形试验影响显著，低围压、低应力水平，围岩浸水湿化不仅减弱其本身强度特性，且加大体积变形，极度不利于围岩的稳定性控制。而相对于围压，应力水平更体现在岩体的体变方面。这表明围压、含水状态影响试样的力学强度，而应力水平更加影响岩体的变形特性。

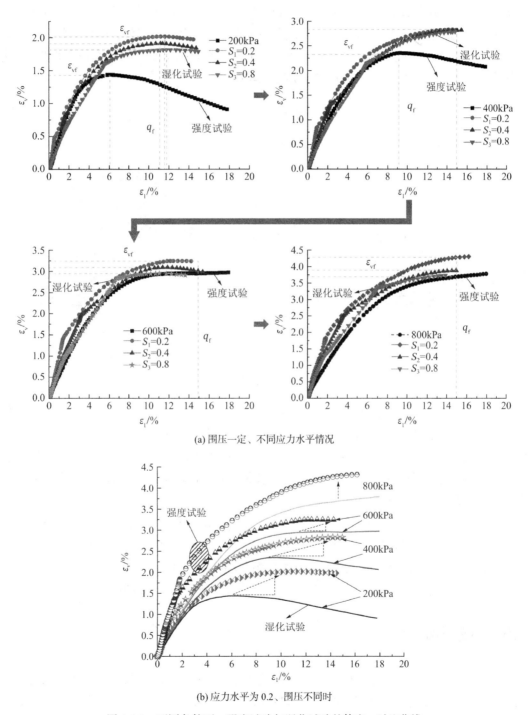

(a) 围压一定、不同应力水平情况

(b) 应力水平为 0.2、围压不同时

图 4.4-2　不同条件下，强度试验与湿化试验的体变ε_v对比曲线

4.4.2 湿化变形稳定指标

根据图 4.3-1 所示的全风化花岗岩浸水湿化的时变曲线，发现湿化变形的第一、二阶段（OA 和 AB），变形迅速发展仅需较短时间，基本上 3h 左右主要变形量已经完成，但在第三阶段（BC）持续时间较长，累计变形量也相对较小，可忽略不计。鉴于此，准确获得湿化变形进入稳定变形阶段的关键性指标，有助于指导工程现场围岩湿化变形的稳定性控制及降低施工成本。为此，根据试验结果和所提出的时变效应模型，考虑采用时间和应变速率作为两个指标来判定湿化变形稳定，如图 4.4-3 所示。

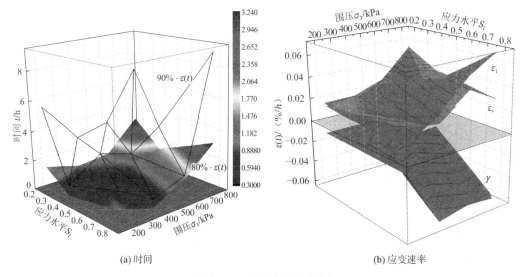

(a) 时间　　　　　　　　　　　　　(b) 应变速率

图 4.4-3　湿化变形稳定指标

首先，就变形稳定时间而言［图 4.4-3（a）］，湿化完成 80%的变形量所需时间相对集中，约为 1h，仅有围压为 80kPa 时为 2.66h。然而，当应变值达到 90%时，所需时间则表现出很大的离散性，范围从 0.89～9.08h，其中大多数时间超过 2.5h。因此，与 90%应变值相比，80%应变值对应的时间t可以用作湿化基本稳定的有效参考值，即在不同围压和应力水平下的平均稳定时间确定为 1.36h。

其次，考虑 80%应变值作为稳定值时对应应变速率，轴向应变、剪切应变和体积应变的速率均相对集中，相应的平均值分别为 0.0319、0.0281 和 0.0275［图 4.4-3（b）］。

所以，可以利用 0.03%/h（或 1.36h 的时间值）的应变速率来作为湿化变形基本完成的判定标准，这有利于对工程围岩开挖和支护进行有针对性的调整和控制。

4.5　本章小结

本章主要通过室内大型三轴力学强度试验和湿化试验，研究分析了全风化花岗岩浸水湿化前后的力学强度特性和浸水湿化变形特征，提出了反映该材料在浸水湿化过程中应变随时间变化的时变效应模型，并讨论分析了湿化变形前后力学特性和判断湿化变形稳定标准，主要结论如下：

（1）根据力学强度结果，围压的增大将导致 3 种典型含水率下（干燥、自然及饱和）试样的峰值强度、峰值应变均随之升高，但干燥试样的峰值强度平均比自然、饱和状态下高出 22.90% 和 27.33%，而后两者之间平均差值仅为 3.61%；当围压一定时，自然含水试样的峰值应变最大，干燥的却最小，说明含水率的改变显著影响试样的峰值应变。

（2）随着含水率的增加，试样的抗剪强度参数 (c, φ) 由干燥样的 130.0kPa、38.41° 降至饱和样的 100.8kPa、34.86°，其中黏聚力 c 的平均降幅达到 11.9%。对于弹性变形模量参数，相比围压的影响，含水状态对试样的弹性模量作用特别敏感，尤其是干燥状态下的试样。

（3）湿化变形试验结果显示，湿化应变增量（3 个指标，$\Delta\varepsilon_{1s}$、$\Delta\varepsilon_{vs}$ 及 $\Delta\gamma_s$）均受到应力水平、围压变化的显著影响，但相对于围压，应力水平对该 3 个指标作用更敏感，尤其当应力水平逐级增加 1 倍时，3 个指标分别平均增大 2.59 倍、1.41 倍、3.17 倍。同时，构建的反映湿化应变增量的数学模型，能对工程围岩湿化变形起到良好的预估评判。

（4）从湿化变形过程看，试样变形随着时间的变化表现出稳态流变特征，时变曲线呈现出三个变形阶段：加速、减速和稳定阶段。其中，第一和第二阶段完成了变形的主要部分，且发生时间较短，而第三阶段的趋势则相反。基于 Burgers 蠕变模型，建立关于应力水平、围压的时变效应模型，不仅能描述全风化花岗岩在衰减蠕变和稳定蠕变阶段呈现非线性及线性增长的黏弹性变形行为，也能较为准确地反映其瞬时弹性变形行为。

（5）对比浸水湿化后强度和变形，围压、应力水平对湿化变形试验影响显著，低围压、低应力水平，围岩浸水湿化不仅减弱其本身强度特性，且加大体积变形量，极度不利于围岩的稳定性控制。相对于围压，应力水平对岩体体变的影响更明显。

（6）湿化时变曲线及构建的时变效应模型均表明，判定全风化花岗岩湿化变形稳定的湿化时间为大于或等于 1.36h 时，或者对应的应变速率小于或等于 0.03%/h，这有利于隧洞围岩施工开挖过程中遇到浸水湿化时支护时机的确定。

第 5 章

全风化花岗岩隧洞稳定性控制技术

如前所述，本书研究工程背景—河南某抽水蓄能电站区域内存在一条水平宽度约 90～95m 宽的全风化花岗岩软弱破碎带，目前在建、拟建的多条重要地下隧洞穿越其中。同时，该地层中地下水赋存丰富，在洞室开挖期间若遇到降雨或水压顺差引起水位变化，极可能导致围岩湿化变形的发生，这严重威胁着本已难以治理的软弱破碎带围岩的安全与稳定。因此，获得此类围岩在建设与运营期间的稳定性控制技术显得尤为迫切。

本章以上述某抽水蓄能电站高压电缆平洞为主体对象，首先现场调研了位于同一层位 PD1 勘探平洞全风化花岗岩区域段变形破坏及地应力赋存情况，接着将第 3 章建立的修正邓肯-张模型嵌入 FLAC³D 数值软件后，模拟分析并优化了原设计支护方案对高压电缆平洞的支护效果，提出了控制软弱破碎类围岩稳定的支护技术，并通过现场应用实践对优化支护方案进行验证。与此同时，基于第 4 章湿化时变效应模型，揭示了其在开挖过程中遭遇浸水湿化时产生的时变效应特征，以此确立了湿化变形支护时机。

5.1 全风化花岗岩隧洞工程特性

5.1.1 工程概况

河南某抽水蓄能电站位于河南省光山县境内，设计总装机规模 1000MW，主要由上水库、下水库及输水发电 3 大系统组成，工程规模为二等大（2）型。电站上、下水库间直线距离 1.88km，额定水头 241m，距高比为 7.7。上水库设计正常蓄水位 347.50m，蓄能发电调节库容 $946 \times 10^4 m^3$，大坝坝型为混凝土面板堆石坝，最大坝高为 128.2m。输水发电系统包括引水系统、地下厂房洞室群、尾水系统。引水系统、尾水系统均按 2 洞 4 机的方式布置，尾水洞与下水库之间由长约 2931m 的尾水渠连接。下水库拟利用现有的水库，水库控制流域面积约 102km²，大坝坝型为黏土心墙砂壳坝。图 5.1-1 为该蓄能电站工程规划布置概况。

高压电缆平洞是该抽水蓄能电站重要的出线系统洞室，与高压电缆竖井相连接成一体，其布置于地面开关站与主变洞之间，隧洞全长 416.18m，其沿线地面高程 120～310m，为斜坡地形，无冲沟发育，洞室埋深一般为 80～265m。根据平面地质测绘及钻孔、平洞揭露，隧洞沿线发育地层为泥盆系南湾组变粒岩和燕山晚期花岗岩，在两者接触带发育有宽 90～95m 的地质构造破碎带，其岩性主要为 V 类的全风化花岗岩，且有 F4、F5 断层发育其中，成洞条件及围岩稳定性极差。其他区域洞段工程地质条件较简单，无大的断层通过，围岩多呈微风化至新鲜，主要为Ⅱ、Ⅲ类岩体。图 5.1-2 为高压电缆平洞的工程布置及地质剖面图。

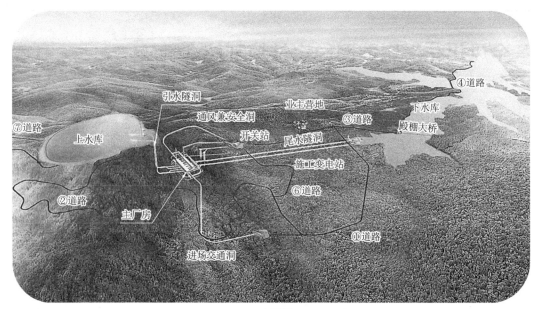

(a) 鸟瞰图

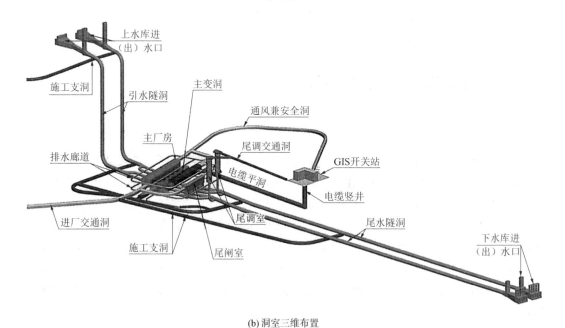

(b) 洞室三维布置

图 5.1-1　河南某抽水蓄能电站规划布置概况

此外，高压电缆平洞均位于地下水位以下，沿线地下水多为基岩裂隙水，埋深 2～50m，特别在全风化花岗岩破碎带及其附近的Ⅳ～Ⅴ类岩体中赋存丰富的地下水，尤其是在雨季，该部位的地下水常呈线状流水，具有一定的流量。

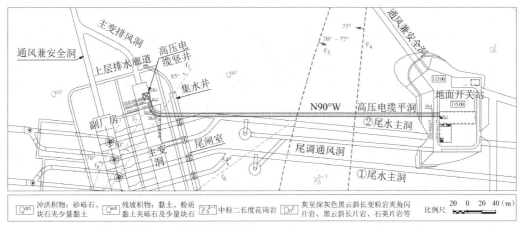

(a) 工程布置

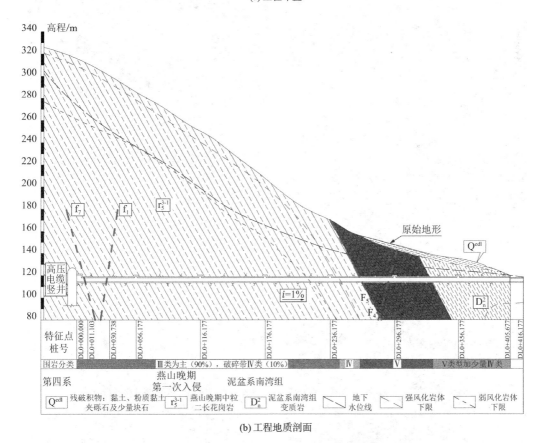

(b) 工程地质剖面

图 5.1-2　高压电缆平洞的工程布置及地质剖面

5.1.2　隧洞围岩变形破坏特征

由于目前依托工程隧洞处于建设初期, 现场调研工作极其困难, 所以确定位于同一层位的 PD1 勘探平洞为调研对象, 其开挖断面尺寸为 2m×2m(宽×高), 其洞深 36～131.3m 范围内分布着深厚的全风化花岗岩破碎带, 现场主要采用砖砌或木垛等临时支护结构控制围岩变形。在采样过程中, 针对其洞身 0～136m 范围区段围岩变形做了相关调查, 具体情况如下：

在 0～136m 区段范围内，围岩整体收敛变形严重，顶板下沉严重，多处产生垮冒现象，洞顶时有滴水渗出，洞内底板积聚了大量的地下水。具体地，在进洞 0～36m 区段，围岩属于全强风化变质岩范围（Ⅳ～Ⅴ类），围岩收敛变形相对较小，仅顶板出现沿走向显著开裂现象 ［图 5.1-3（a）、图 5.1-3（b）］；在洞深 36～136m 区段，围岩属于Ⅴ类的全风化花岗岩，岩体结构松散、破碎，呈砂土状，围岩断面收缩严重，尤其在洞深 36m、90m 等处发现多处顶板沉降，并伴随一定程度的冒落土体 ［图 5.1-3（c）～图 5.1-3（e）］；在洞深超过 136m 后，围岩转变为中等风化的二长花岗岩（Ⅲ类），节理裂隙较发育，岩面被节理切割呈网格状，未施加任何支护，但岩壁中仍可见地下水渗出 ［图 5.1-3（f）］。

(a) 洞口

(b) 洞深 0～36m

(c) 洞深 36m 处

(d) 洞深约 60m 处

(e) 洞深约 90m 处（采样点）

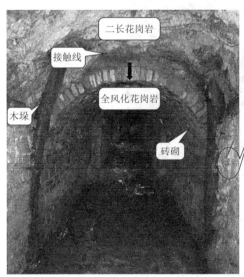

(f) 洞深 136m 处

图 5.1-3　PD1 勘探平洞围岩变形情况

由此可知，全风化花岗岩围岩隧洞开挖后围岩松软、破碎，难以自稳成形，围岩会产生大变形破坏，整体断面收缩非常显著，尤其是顶板沉降严重，多处出现垮冒现象，同时围岩会出现不同程度的地下水渗漏。

5.1.3　地应力赋存特点

为了解全风化花岗岩破碎带区域内部应力状态、主压应力大小和方向，在邻近区域——地下厂房的勘探平洞内布置了钻孔进行地应力测试，测试部位位于主厂房南侧端墙与全风化花岗岩破碎带交界部位（zk38～zk40，图 5.1-4），所采用的方法为水压致裂法，由此获得了测试地点的岩体三向应力结果，见表 5.1-1。由于测试成果规律性较好，为方便测试成果的使用，将其进行算术平均，得出了该测试断面的平均值，成果见表 5.1-2。

(a) zk38

(b) zk39

(c) zk40

图 5.1-4　断面处不同钻孔破裂缝印模照片

测试断面三向岩体应力实测成果表　　　　　　　　　表 5.1-1

测孔位置	测点高程/m	上覆岩体厚度/m	最大主应力			中间主应力			最小主应力			大地坐标系岩体应力分量					
			σ_1/MPa	α_1/(°)	β_1/(°)	σ_2/MPa	α_2/(°)	β_2/(°)	σ_3/MPa	α_3/(°)	β_3/(°)	σ_x	σ_y	σ_z	τ_{xy}	τ_{yz}	τ_{zx}
												MPa					
断面（zk38～zk40）	122.7	149.3	4.56	67.74	27.88	3.34	1.93	302.60	2.62	22.17	33.39	3.04	3.19	4.28	0.21	0.34	−0.59
	112.5	159.5	3.51	30.68	7.13	2.99	23.34	291.96	2.42	49.76	52.62	3.28	2.84	2.79	0.07	0.25	−0.40
	103.1	168.9	4.35	70.39	26.00	3.07	5.17	310.71	2.44	18.86	42.48	2.88	2.84	4.14	0.22	0.31	−0.51
	90.4	181.6	5.82	60.58	18.35	5.01	6.75	300.50	4.38	28.48	34.17	4.85	4.87	5.48	0.17	0.26	−0.55
	84.6	187.4	4.86	52.52	357.56	4.48	15.32	288.49	4.08	33.24	28.84	4.41	4.42	4.60	0.12	0.08	−0.34
	77.8	194.2	5.65	51.69	9.27	5.03	11.62	294.32	4.53	35.89	32.91	5.03	4.94	5.24	0.11	0.18	−0.49

注：1. 大地坐标系 XYZ 定义为：X 轴为正北，Y 轴正西，Z 轴铅直向上；

　　2. σ 表示主应力的大小，α 表示主应力的倾角，β 表示主应力的方位角。

测试断面三向岩体应力平均值成果表　　表 5.1-2

工程部位	测试部位	最大主应力			中间主应力			最小主应力			大地坐标系岩体应力分量					
		$\sigma_1/$ MPa	$\alpha_1/$ (°)	$\beta_1/$ (°)	$\sigma_2/$ MPa	$\alpha_2/$ (°)	$\beta_2/$ (°)	$\sigma_3/$ MPa	$\alpha_3/$ (°)	$\beta_3/$ (°)	σ_x	σ_y	σ_z	τ_{xy}	τ_{yz}	τ_{zx}
											MPa					
地下厂房区	Ⅰ断面（zk38～zk40）	4.74	59.75	17.11	4.00	9.44	303.68	3.46	28.45	38.84	3.92	3.85	4.43	0.15	0.24	−0.48

原岩地应力测试结果表明，地下厂房及其邻近区域包括全风化花岗岩破碎带区域的铅垂应力 σ_z 分量较大，其值为 4.43MPa；沿东西方向、南北方向的水平挤压应力分量大小（σ_x、σ_y）分别为 3.92MPa、3.85MPa，两者基本一致。通过分析计算得出，此地质条件下岩体单元最大主应力（σ_1）、中间主应力（σ_2）和最小主应力（σ_3）分别为 4.74MPa、4.00MPa、3.46MPa，其中，最大主应力与铅垂方向夹角为 59.75°，最大主应力与最小主应力比值为1.40。这说明了全风化花岗岩破碎带中的构造应力场在一定程度上影响了原岩铅垂和水平应力分布，呈现出浅埋隧洞常见的构造应力场特征。

5.1.4　围岩变形破坏原因分析

根据现场调研结果，结合室内物化试验结果（第 3 章），全风化花岗岩隧洞围岩变形破坏的主要原因有以下几点：

（1）围岩力学强度低。风化破碎带内岩体属于全风化的花岗岩土体，松散破碎成砂土状，在地下水浸湿后迅速软化崩解成软弱泥状，造成其力学强度低，显著降低了围岩的稳定性。

（2）地下水的浸湿效应。全风化花岗岩呈现的松散破碎赋存特性，受到富存地下水的浸湿渗透，加剧了隧洞围岩体的疏松、软化，大幅降低了围岩的稳定性系数。

（3）强烈的膨胀性能。全风化花岗岩中含蒙脱石含量较多的强膨胀型黏土矿物，遇水膨胀易导致岩体发生膨胀大变形，显著的膨胀性能也加剧了围岩变形程度。

（4）地质构造应力。在软弱破碎岩体中，受地质构造应力作用引起隧洞围岩应力场的重分布，会导致产生不规则形态的塑性区和大范围的松动区域，加之地下水的渗透浸湿，促使围岩失稳破坏。

5.2　稳定性控制技术与数值模拟分析

在本节内容中，首先将第 4 章提出的修正邓肯-张本构模型成功地嵌入 FLAC³D 数值软件二次开发程序，模拟分析了原设计支护方案的支护效果，在此基础上进行了参数优化调整后提出了新型支护控制技术，并给予了对应的模拟分析。

5.2.1　原设计支护方案与支护效果

1. 原支护方案及施工流程

（1）支护断面及支护结构参数

高压电缆平洞存在约 60m 厚的全风化花岗岩破碎带（Ⅴ类）洞段，其围岩成洞条件及稳定性极差，设计开挖断面为圆拱直墙型，断面尺寸 5.6m×6.4m（宽×高），全洞的起点高程 114.25m，终点高程 110.10m，平均纵坡 1%。根据原设计结果，其围岩采取"注浆小导管"超前预支护，"锚杆＋金属网＋钢拱架＋混凝土喷层"的初次支护，联合"钢筋混凝土"二次衬砌永久支护，共同形成内、外承载的耦合支护系统。其中，设计的支护方案如图 5.2-1 所示。

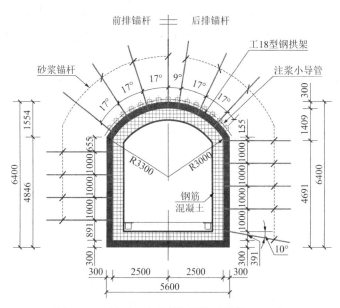

图 5.2-1　断面尺寸及支护结构（单位：mm）

具体地，该支护方案主要支护结构形式及其对应参数如下：

顶拱注浆小导管：ϕ42mm×4mm，排距 2000mm，环向中心间距 400mm，$L=4500$mm，预喷 C25 混凝土厚 50mm，挂ϕ8mm 钢筋网，HPB300 级钢，网格 200mm×200mm。注浆时，注浆浆液水灰比为 0.45～0.5 之间，灌浆压力为 1.0MPa。

锚杆：全长粘结型砂浆锚杆，边墙及顶拱锚杆采用钢筋直径 25mm@1000mm×2000mm，HRB400 级钢，$L=3000$mm，锚入岩石 2750mm；砂浆强度等级 M30，锚杆的砂浆保护层厚度不小于 20mm。

钢拱架：工 18 型钢拱架，纵距 0.5m，网喷 C25 混凝土厚 250mm，钢架纵向以ϕ22mm 钢筋焊接连接，连接筋环向间距为 0.8m。此外，钢拱架与系统锚杆端部焊接。

钢筋混凝土衬砌：衬砌断面宽 5.0m×高 5.8m，衬砌厚度 500mm，衬砌混凝土钢筋在钢筋加工厂预制，成品运至施工部位，制作钢筋绑扎台车作为施工平台进行钢筋绑扎施工；模板采用定制钢模台车，混凝土采用混凝土运输车运至现场，地泵泵送入仓，插入式振捣棒配合附着式振捣器振捣密实。根据衬砌台车的长度，以每 6m 一仓的进度进行施工循环。

（2）施工工艺流程

基于现场围岩条件与施工特点，为达到经济合理、安全可靠和支护优化等目的，依据"新奥法"支护控制理论，遵循"管超前、短开挖、弱爆破、强支护、快封闭、勤量测"的原则，高压电缆平洞穿越断层破碎带洞段主要采用 YT28 气腿钻，全断面开挖爆破，实施

光面爆破一次成型，机械化挖装、运输施工，开挖循环进尺 1.5m，其对应的施工工艺流程
如下：

　　施工准备→顶拱小导管超前支护→洞身全断面开挖→初喷混凝土 50mm→锚杆施
工→挂钢筋网→钢拱架制安→喷混凝土支护。主要施工工序包括以下 4 个部分，需要
说明的是其也适用于本章提出的其他支护方案，以此类推。图 5.2-2 展示了其施工流程
简图。

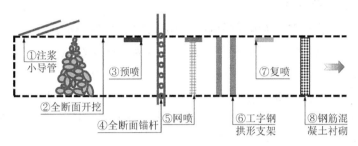

图 5.2-2　现场施工流程

2. 原设计支护方案的有效性评价

（1）修正邓肯-张模型的二次开发编程实现技术[169,170]

①FLAC³ᴰ 程序预留了 DLL 动态链接库接口，用户可以通过 C⁺⁺编程文件实现对自定
义本构模型的嵌入，以满足数值模拟时对本构关系的要求。

②在 DLL 动态链接库的编程过程中，设置与 FLAC³ᴰ 程序关联的派生类函数。这些
函数主要有：本构名（Name）、材料属性（Properties）、状态（States）、材料属性的得到、
设置及其复制（GetProperty、SetProperty、Copy）、计算的初始化（Initialize）、计算主程序
（Run）、计算结果的保存和恢复（Save、Restore）等。其核心函数为 Initialize 和 Run 两个
函数。

③基于修正的邓肯-张模型的非线性特征，修改 Initialize()和 Run()两个函数。由于
修正邓肯-张模型的弹性模量E为一个变量，且不以基本参数的形式在本构关系中出现，
所以在 Initialize()函数中需要初始化弹性模量E。同时，其在第 1 次计算时的弹性模量E
与后期再次计算时的E值的求解方式也有所不同。在后期，再次用到计算函数 Run 时，
这时的E值应该是当前状态下的值而非是零值；若采用 Initialize()函数中的初始化方法
则会使计算的参数状态跳转到初始状态。因此，必须在 Initialize()函数中增加一个 If 语
句来区别初始状态，在参数中增加一个 dElas 变量作为本构模型中弹性模量的中间过渡
参数。这样，在后期计算时，弹性模量 dElas 值将会保存在保存和恢复函数（SaveRestore）
中，以便下次计算时调用。此外，在 Run 函数中为了使计算顺利进行，首先需要求解每
个单元的最大和最小主应力，其次通过加载函数求得 SS 值，通过比较，保存最大$(SS)_{max}$
值，用以分析数值模拟计算中的加卸载状态，最后得到模型当前状态下的各项参数值并
保存。

④在 FLAC³ᴰ 计算中，通过应变增量来计算应力增量。Run 函数中每一个计算步（程
序中表示为 bySubZone）又分为多个计算子步（程序中表示为 byTotSubZones——不同的单

元类型有不同的计算子步），因此对参数值 E_t 和 B_t 随着计算过程的更新处理尤为重要。计算子步的存在是为了加快 FLAC^{3D} 程序计算时的收敛速度，此时用于计算的应变增量值会波动变化，致使 $(SS)_{max}$ 的值产生波动变化，导致本来加载的计算变成卸载运算。通过研究，解决此问题的较好办法是将 FLAC^{3D} 程序里每个计算步的计算子步强制定为 1，然后直接返回，进行下步计算。通过大量的计算和对计算结果的比较研究，这样处理后的计算结果依然具有较高的准确性，只是收敛速度减慢。

（2）数值模型及监测点布置

依据图 5.1-3 所示拟建高压电缆平洞断面参数，考虑数值模型计算影响范围（一般为洞径的 3～6 倍范围），建立对应的数值模型总体尺寸为 60m×60m×30m（$X×Z×Y$），共计 315120 个单元、329218 个节点，如图 5.2-3（a）所示。为配合上述施工工艺流程，该数值模型被划分为 76 个组，如图 5.2-3（b）所示。其中，隧道、初衬及二次衬砌均为 20 个组，每组 1.5m 模拟开挖进尺；顶板注浆区域为 15 个组，每组 2m 模拟推进过程中超前小导管注浆；距离掌子面 24m 时，二次衬砌开始实施时，每次推进 6m，共 5 次施工完毕。对于支护结构的模拟，包含初衬的钢拱架结构及二次衬砌的钢筋混凝土均采用实体单元，超前注浆小导管采用桩结构单元（Pile），前排、后排锚杆均采用锚杆结构单元（Cable），对应的数值支护形式如图 5.2-4 所示，同时表 5.2-1 列出了数值模拟中采用的支护结构力学参数值。另外，本章所采用的本构模型是基于第 3 章修正模型的二次开发模型，围岩（不含注浆区域）力学参数采用的是第 4 章中大型三轴试验自然含水状态下的试验结果，并通过适当调整其力学参数值模拟顶板注浆区域内的全风化花岗岩，由此获得的岩层计算力学参数见表 5.2-2。

数值模拟的支护结构力学参数　　　　　　　表 5.2-1

类别	密度 ρ/（kg/m³）	弹性模量 E/GPa	抗拉强度 T/MPa	泊松比 μ	黏聚力 c/MPa	内摩擦角 φ/（°）
锚杆	7900	210	335	0.22	—	—
注浆小导管	7850	200	270	0.30	—	—
初衬	2700	25	50	0.20	14.5	48.7
二次衬砌	2450	23	45	0.30	13.0	36.3

岩层计算力学参数　　　　　　　表 5.2-2

岩性	密度 ρ/（kg/m³）	弹性模量 E/GPa	单轴抗拉强度 T/MPa	黏聚力 c/MPa	内摩擦角 φ/（°）	泊松比 μ
全风化花岗岩	2000	0.20	0.01	0.11	35.02	0.35
注浆的全风化花岗岩	2300	15	1.70	10.5	33	0.20

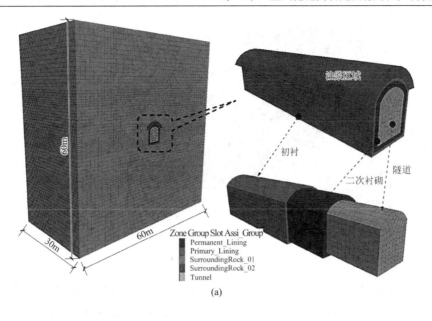

(a)

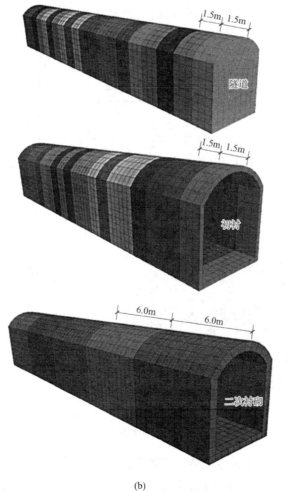

(b)

图 5.2-3　数值模型及分组

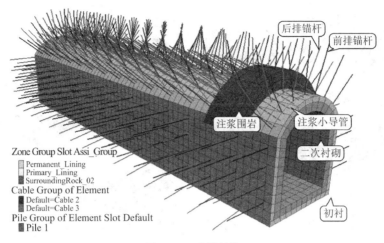

图 5.2-4　支护结构

根据原岩地应力测试结果（第 5.1.3 节），通过对数值模型的底面全约束，其他各侧面水平约束，在 FLAC³ᴰ 中将最大、最小主应力（$\sigma_1 = 4.74\text{MPa}$、$\sigma_3 = 3.46\text{MPa}$）代入式(5.2-1)可获得施加的应力边界条件，模拟计算后的初始地应力场如图 5.2-5 所示。其中，σ_1 与竖直方向的夹角为 59.75°，最大主应力与最小主应力之比（σ_1/σ_3）为 1.40。

$$\left. \begin{aligned} \sigma_{xx} &= \frac{(\sigma_1 + \sigma_3)}{2} + \frac{(\sigma_1 - \sigma_3)}{2} \cdot \cos(2\theta) \\ \sigma_{zz} &= \frac{(\sigma_1 + \sigma_3)}{2} - \frac{(\sigma_1 - \sigma_3)}{2} \cdot \cos(2\theta) \\ \tau_{xz} &= \frac{(\sigma_1 + \sigma_3)}{2} \cdot \sin(2\theta) \end{aligned} \right\} \tag{5.2-1}$$

式中：θ 为最大主应力偏转角（°）；σ_{xx}、σ_{zz} 及 τ_{xz} 为数值模型边界的施加应力，在 FLAC³ᴰ 命令中分别用 "S_{xx}" "S_{zz}" 和 "S_{xz}" 表示（MPa）。

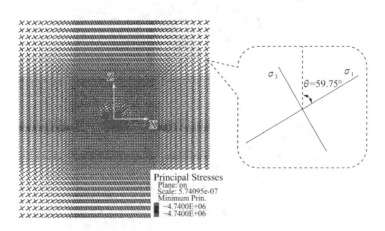

图 5.2-5　初始地应力场

此外，为了有效评估支护方案的模拟效果，在所建模型的开挖隧洞围岩表面一周布置了 14 个测点，在水平、竖直方向布置了 2 条测线，用以监测在不同支护方案下隧道在施工期间及稳定后各个关键部位的变形情况，具体标记如图 5.2-6 所示。

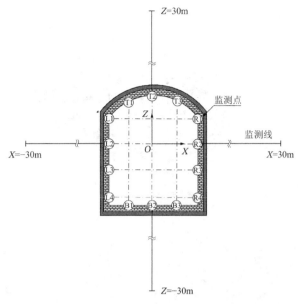

图 5.2-6　监测点及监测线布置情况

（3）计算结果与分析

为了合理评价原设计支护方案的支护效果，首先模拟分析了循环开挖过程中未支护和仅考虑初衬＋二次衬砌两种情况下的围岩变形破坏情况，以此探索高压平洞隧洞在极端不利条件下的围岩破坏情况。其次，结合原设计支护方案的模拟结果，通过对比分析评估该方案的有效性。图 5.2-7～图 5.2-13 展示了以上三种支护条件下隧洞周边监测变形情况、塑性区形态、主应力分布及收敛位移等的计算结果。

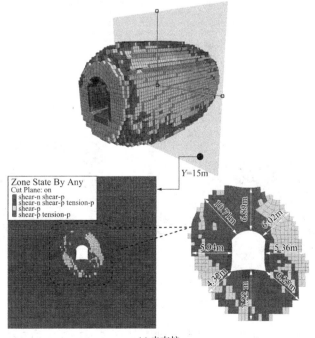

(a) 未支护

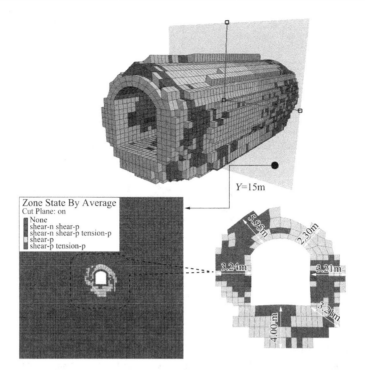

(b) 初衬 + 二次衬砌

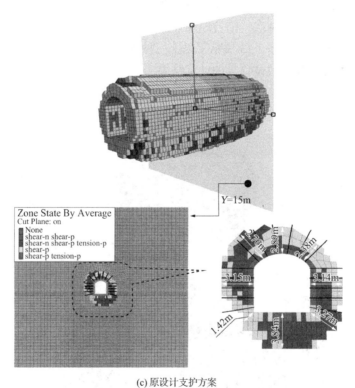

(c) 原设计支护方案

图 5.2-7   不同支护条件下围岩塑性区分布

具体地，从围岩塑性区形态及参数特征来看（图 5.2-7），各种支护条件下的塑性区形态均表现出与主应力场方向类似的方向性特征，且相对于最大主应力方向，最小主应力方向的塑性区范围较大，整体呈现具有一定偏转角度的圆角矩形。由图 5.2-7（a）知，未支护时，隧洞围岩产生屈服破坏的单元体积达到 15749m³，在 $Y = 15$m 剖面各个方向上塑性区整体范围均较大，最小值也达到 4.32m，特别在底板和左顶拱方位松动破坏范围分别达到了 7.22m 和 10.71m。对于后两种支护条件下 [图 5.2-7（b）、图 5.2-7（c）]，对应的塑性破坏范围及形态大致相同，塑性区体积分别为 5895m³、6078m³，相较于未支护情况，两者塑性区区域范围均大大减小了，且缩小范围达到一半以上。但不难发现，在底板方位依然出现较大范围的塑性区，对应深度分别为 3.84m 和 4.0m，这注定会伴随着严重的底鼓现象；与此同时，在图 5.2-7（c）中存在多处锚杆前段依然位于塑性区范围内，这预示着施加的锚杆与围岩相互作用发生在屈服破坏后的塑性区范围内，锚杆锚固效应未能充分发挥，导致其不能有效改善浅部围岩的应力环境，对增强锚固体整体承载能力有限，反映出锚杆的设计长度及锚固力难以满足支护要求，显然需要进一步设计优化。

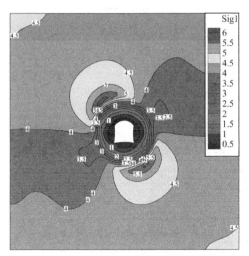

(a) 未支护

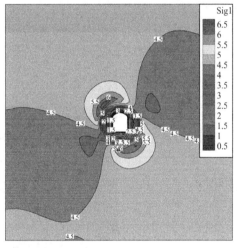

(b) 初衬 + 二次衬砌

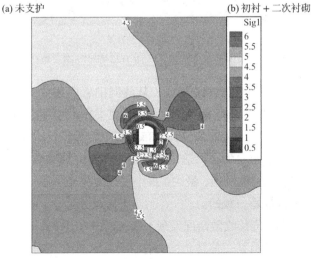

(c) 原设计支护方案

图 5.2-8 不同支护条件下最大主应力等值线云图（单位：MPa）

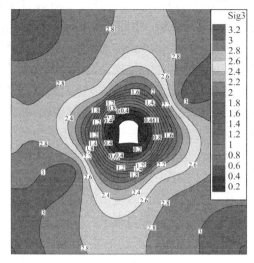
(a) 未支护

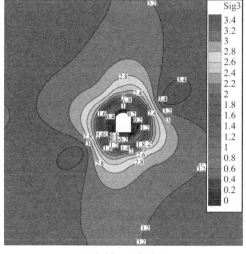
(b) 初衬 + 二次衬砌

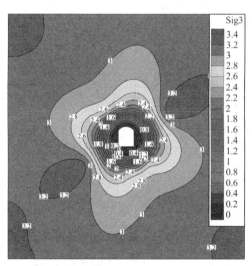
(c) 原设计支护方案

图 5.2-9　不同支护条件下最小主应力等值线云图（单位：MPa）

同理，最大主应力与塑性区相辅相成，从隧洞围岩周边主应力分布来看（图 5.2-8、图 5.2-9），各种支护情况下围岩的最大主应力主要集中在最小主应力方向一定深度（浅部），当未支护时最大主应力集中位置较深且其分布范围也较为广泛，这种应力集中显著不利于隧洞围岩整体受力趋于平衡，势必会造成大范围岩体单元屈服破坏，而最小主应力分布情况同最大主应力相似。同时也发现，最大、最小主应力分布形态呈现出显著的方向性特征，这显然与塑性区形态特征是一致的。

进一步地，观察围岩位移收敛情况发现（图 5.2-10 和图 5.2-11），各种支护情况下围岩水平、垂直位移呈现的是沿某一偏转角的对称性分布，即非正对称性分布，且位移等值线范围形态大致相同，但这并不意味着收敛位移程度一致。具体地，未支护时，围岩整体收敛变形严重，呈现全断面收缩现象，尤其在底板，其最大鼓出量达到了 450mm，为最大洞径（5m）的 9%，这种情况隧洞基本上处于报废状态，必须采取相应支护进行维护控制。当采用"衬砌＋二次衬砌"为主体方案与原设计支护方案比较后，两者围岩整体收敛位移显著减小，但各部分的最终收敛位移值相差不大，且原设计支护方案对应结果略微小于前者；同时，结合监测点及监测线上收敛位移结果（图 5.2-12、图 5.2-13），原设计支护方案下顶板沉降、底板鼓起的最大值为 88.4mm、122mm，左、右两帮挤出分别为 106mm、101mm，分别较"未支护"方案下降了 78.46%、72.89%、75.18%、75.54%，降幅较为明显。以上结果表明"衬砌"结构提供的强大内撑效应极大程度地控制了全风化花岗岩类破碎围岩大变形破坏，特别对拱顶、两帮等关键部位的收敛变形控制效果较好，且在一定程度上也有助于改善围岩主应力分布状态。然而，不可否认的是，支护效果较好的原设计支护方案对应的围岩变形依然较大，所施加的锚杆对隧洞围岩变形控制作用有限，这显然不利于维护隧洞围岩的长期安全与稳定，再一次表明锚杆的支护参数亟需优化。

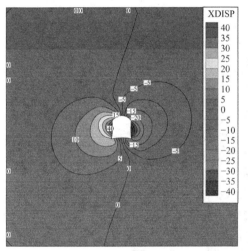

(a) 未支护

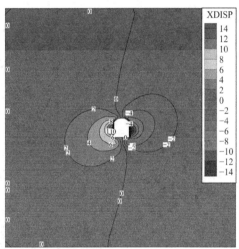

(b) 初衬＋二次衬砌

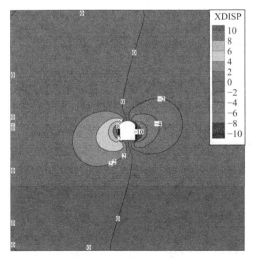

(c) 原设计支护方案

图 5.2-10　不同支护条件下水平位移等值线云图（单位：cm）

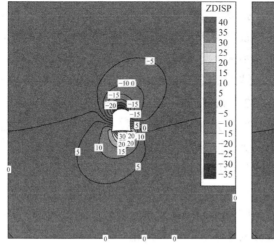

(a) 未支护

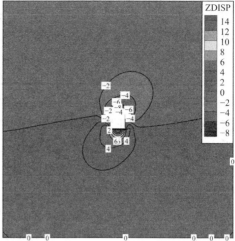

(b) 初衬 + 二次衬砌

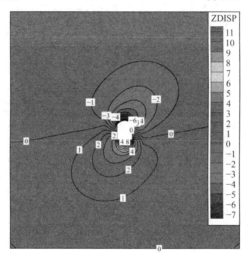

(c) 原设计支护方案

图 5.2-11　不同支护条件下垂直位移等值线云图（单位：cm）

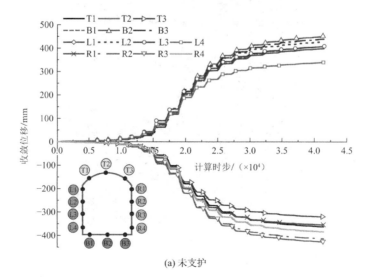

(a) 未支护

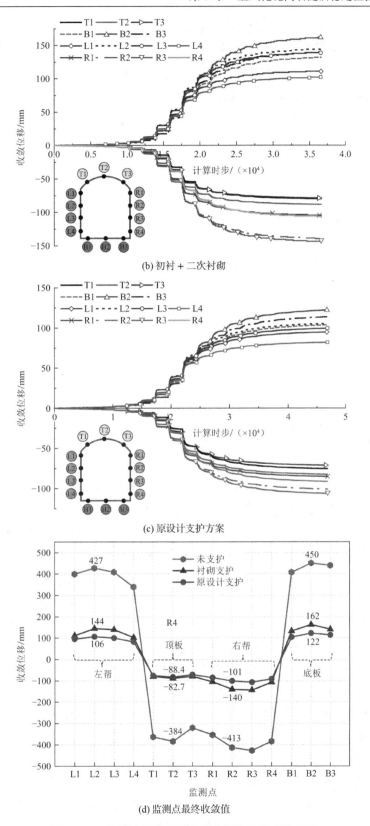

(b) 初衬 + 二次衬砌

(c) 原设计支护方案

(d) 监测点最终收敛值

图 5.2-12　不同支护条件下监测点历史位移变化情况

综上，原设计支护方案较好地抑制了拱顶部位沉降及两帮的相对移进程度，但由于对薄弱部位——底板未采取任何措施，导致了底板及其连带区域（底斜墙）依然产生了较大变形，这对于富含地下水的软弱破碎带围岩体隧洞显然是不可取的，更何况现场可能存在较大可能性的流变变形（如蠕变），这对控制此类围岩的长期稳定更为不利，所以必须对原设计支护方案进行优化升级。

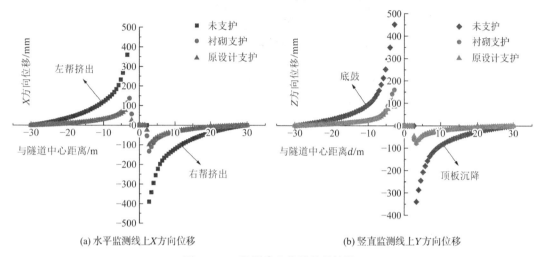

(a) 水平监测线上X方向位移　　　　　　　(b) 竖直监测线上Y方向位移

图 5.2-13　监测线上位移收敛情况

5.2.2　支护方案的优化与分析

1. 支护优化控制对策

实质上，隧洞围岩的变形破坏主要是由于其周边岩体屈服破坏后形成了一定深度的塑性区及其边界持续扩展造成的，而塑性区的最终几何形态和范围决定了围岩破裂模式及破坏程度，所以控制围岩稳定的关键在于防止塑性区范围的恶性扩展，通过改善应力环境使其从异形向均匀化形态过渡。根据"内、外承载结构"的支护控制机理，隧洞围岩的支护应尽早形成有较高强度的内承载结构圈，促使其围岩形成小范围的松动破碎区，以此提供稳定的大承载结构来提高其整体稳定性。对于软弱破碎地质环境下的隧洞，如高压电缆平洞的围岩为全风化花岗岩且富含地下水，其围岩稳定必须要采用高阻高压的"棚梁＋锚杆"等形成复合结构来作为"内承载结构"形成稳定初期支护手段，并辅以"锚索或长锚杆"等支护结构来加强锚固作为"外承载结构"，以此充分调动围岩的承载能力，使围岩作为主体结构承受应力。图 5.2-14 显示了针对软弱破碎围岩体的以"长、短"支护结构为核心形成的内、外承载支护体系，对应的力学模型如图 5.2-15 所示，图中P为短锚索（锚杆）与锚索（长锚杆）的约束合力[100,171]。

此外，还需要注意的是：在此联合支护体系中，发挥各自支护结构的优势，合理确定各个支护环节的支护时机也是非常重要的[97,172]。因此，在初次支护后，应寻求一个合适的支护时机，保证围岩变形能释放趋于稳定、塑性区扩展稳定而未加入恶性扩展阶段时再进行二次加强锚索支护，这样才能与内承载结构锚杆支护系统形成叠加拱承载效应，维持长期控制巷道围岩的稳定。一般来说，可根据现场实测隧洞围压表面位移与时间之间的关系，判断围岩体由快速变形过渡到稳定变形的时间拐点区间作为最佳二次支护时间。

图 5.2-14　以"长、短"支护结构为核心的内、外承载支护体系

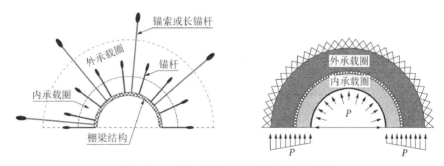

图 5.2-15　内、外承载结构及其力学模型

2. 优化支护配套技术

根据以上思路，结合第 5.2.1 节所述不同支护方案下高压电缆平洞的支护效果分析，原设计支护方案应从以下几个方面考虑进行优化，如下：（1）合理设置初期锚杆锚固力（或预紧力），及时调整前后锚杆长度，阻止围岩破碎区的迅速扩大，尽早形成小承载结构；（2）采用锚索（或长锚杆）加固围岩，在最小主应力方向的顶拱部位增设两根锚索（或长锚杆）提升该方位围岩整体的承载能力，阻止主应力集中及范围扩大，以此加强协助形成大承载结构；（3）补打底板锚杆并进行锚网喷支护，促使形成全断面均匀的初期支护，以此抑制严重底鼓发生；（4）支护时机的确定，以原支护方案下围岩塑性区从进入稳定扩展时到开始恶性扩展之前对应的时间区间段为最佳支护时机。为此，在原设计支护方案的基础上，保持顶拱注浆小导管、前排锚杆、钢拱架、钢筋混凝土衬砌等基本参数不变，主要改变的是后排锚杆参数设置，具体如下：

　　首先，基于原支护方案下塑性区形态及变形破坏特征，在最小主应力方向上顶拱锚杆换用长度为 4.5m 的长锚杆，以保障其前段能锚固到稳定的弹性区域。其次，增加底角锚杆的锚入倾角到 45°，并延长其长度到 4.0m，防止底角方位围岩产生大变形屈服破坏。最后，考虑到实际底板钻孔施工难度较大，在底板位置适当补打 3 根长度为 4.0m 锚杆，其间距定为 1500mm。同时，为提高支护初期锚固围岩体的自支撑能力，通过增设锚杆预紧力积极发挥整个支护系统的支护效能，且由于上述设计的锚杆并非高强高阻锚杆，故预设其预紧力范围值位于 60~80kN 之间，其中长锚杆的值定为 80kN，其他锚杆均为 60kN。以上所有锚杆依然采用全长粘结型砂浆锚杆，除特殊设置的参数外，其他所有锚杆的间、排距依然均为 1000mm×2000mm。进而，依据以上优化方案整改思路，借助 FLAC³ᴰ 自带结构单元依次建立了相匹配的支护结构形式，如图 5.2-16 所示。

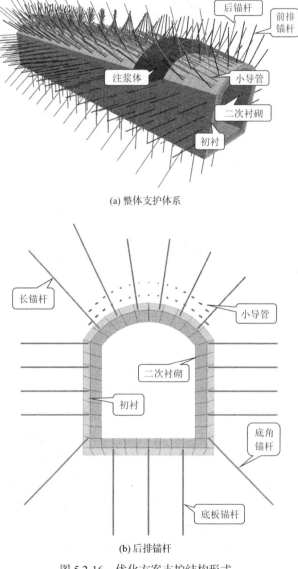

(a) 整体支护体系

(b) 后排锚杆

图 5.2-16　优化方案支护结构形式

3. 优化支护方案的模拟分析

经过一定步数的迭代计算，获得了优化支护方案下的围岩塑性区形态、主应力、收敛位移分布情况及监测位移结果分别如图 5.2-17~图 5.2-21 所示。

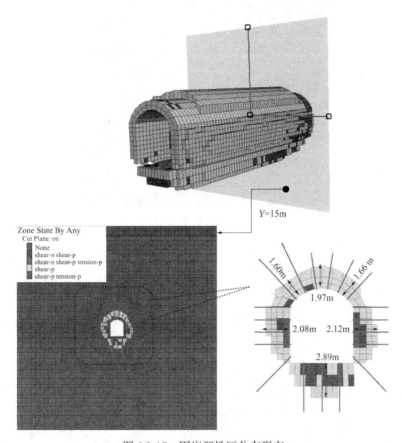

图 5.2-17　围岩塑性区分布形态

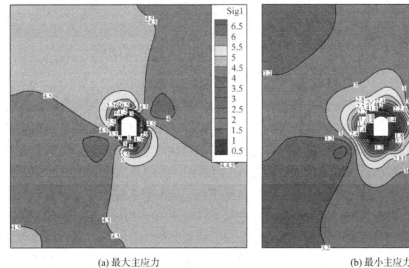

(a) 最大主应力　　　　　　　　(b) 最小主应力

图 5.2-18　主应力等值线云图（单位：MPa）

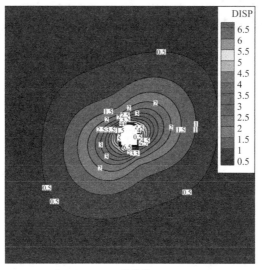

(a) 总位移

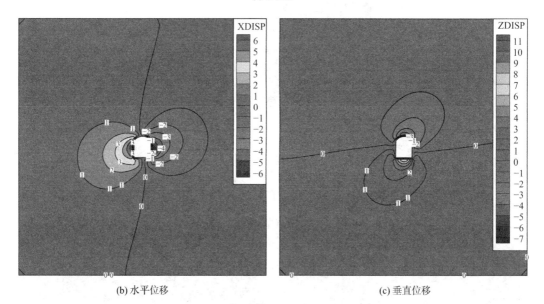

(b) 水平位移　　　　　　　　　　　　　　　(c) 垂直位移

图 5.2-19　位移等值线云图（单位：cm）

由图 5.2-17 显示的围岩塑性区形态可知，优化方案下塑性破坏单元较为均匀地分布在围岩浅部范围，除底板存在 2.89m 深度外，其余均在 2.0m 左右范围，对应位置的锚杆尾端均锚固到弹性区域内，包括底板锚杆也很好地限制了塑性区的大范围扩展。观察主应力等值线云图（图 5.2-18）发现，围岩的最大、最小主应力集中范围大大缩小，两种主应力集中区域仅发生在已经屈服破坏的浅部围岩体内，这是围岩主应力状态趋于均匀化的结果。再者，由围岩收敛变形情况可知，围岩浅部收敛位移大多处于 10～30mm 之间，周边整体变形较小，在对应的围岩自由面中顶板下沉 44.90mm，底板鼓起 66.10mm，左、右两帮平均挤出量为 63.45mm，这表面围岩整体及其表面各部位的整体收敛较小，最终围岩断面尺寸参数基本满足了规范设计与运营需求标准。

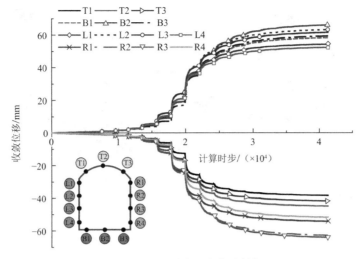

图 5.2-20　监测点历史位移数据

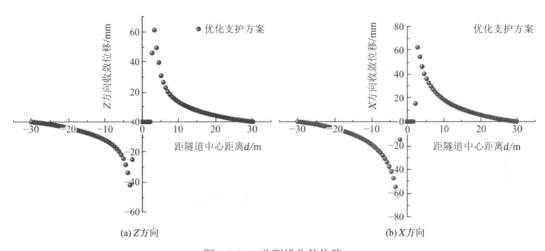

(a) Z 方向　　　　　　　　　　　　　　　(b) X 方向

图 5.2-21　监测线收敛位移

同时，为了凸显优化支护方案的优越性，结合其他包括原设计支护方案在内的模拟结果，对比分析了各种支护情况下的围岩收敛变形值及塑性区边界范围情况，如图 5.2-22 所示。具体来说，相比其他各种支护情况，优化方案下围岩顶、底板及两帮表面收敛值基本上处于最小水平，平均值仅为 55.21mm，底板也仅为 66.10mm。以底板鼓起量为例，相对于以上 3 种支护方案（未支护、仅考虑"初衬 + 二次衬砌"及原设计支护方案），优化方案分别降低了 85.31%、59.20%、45.82%。与此同时，优化方案下左、右底角在底角锚杆的作用下，未出现塑性破坏单元，其他关键部位的塑性区范围也达到最低程度，且最为关键的是所有支护结构——锚杆长度均超过了塑性区边界范围，尾端存在较长的弹性锚固区域。其中，底板的塑性区边界，相比其他 3 种支护方案，分别依次减小了 59.97%、27.75%、24.74%（图 5.2-23）。显然，优化方案不但有效控制了围岩拱顶可能存在的塌陷问题，也解决了原设计方案下薄弱环节——底边及连带区域（底斜墙）表现的大范围变形等严重鼓起问题。

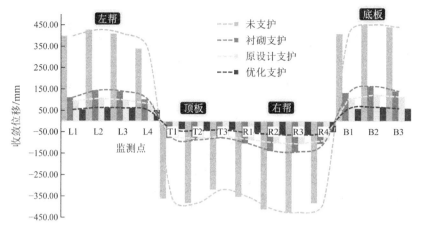

图 5.2-22　各支护方案下监测点收敛位移的对比情况

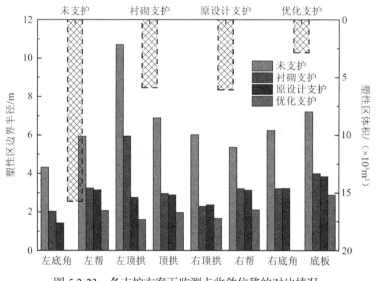

图 5.2-23　各支护方案下监测点收敛位移的对比情况

　　由此可知，高压电缆平洞若采用该优化支护方案，从围岩全断面收敛变形及周围主应力分布情况来看，均能保障维护其隧洞整体的安全性需求，这就从数值模拟角度验证了其围岩采用以"长、短锚杆或锚索"协同层次支护为核心、以"工字钢拱架＋局部或全断面注浆"辅助加强的联合控制技术的有效合理性，以此达到该类地质条件下隧洞围岩的长期稳定。

5.3　考虑湿化时变效应的支护时机确定

　　在高压电缆平洞开挖期间，围岩支护控制严重受到浸水湿化变形影响，探讨此类隧洞的施工开挖及稳定变形时间，以此获取合适施工开挖步距、最佳支护时机。为此，本节根据第 4 章结论，进一步利用 FLAC^{3D} 数值软件将湿化试验结果推广应用于此工程隧洞，并进行了相关湿化变形研究。

5.3.1　模型参数选取与模拟内容

基于浸水湿化时变效应模型［式(4.3-22)］，选取 FLAC³ᴰ 中内嵌的 Burgers 模型对高压隧洞围岩遭遇浸水湿化后的变形响应进行计算分析。需要说明的是，由于现场施工、支护与蠕变模拟条件存在较大差距，为反映全风化花岗岩受到浸水湿化时的时变效应特征，特考虑以未施加锚杆、小导管支护且仅给予初次衬砌支护为前提，分析当隧洞推进不同开挖步距时围岩受到浸水湿化时变形相应特征及其稳定变形时间，其具体内容如下：

不同开挖步距时围岩蠕变变形。依照第 5.2.1 节所述施工工程流程，设置开挖推进第 1 步、第 3 步、第 5 步、第 7 步、第 9 步、第 15 步（全部贯通）并设置相应的初衬支护后，进行短期的蠕变计算，结合实际试验结果及软件试算情况，确定了共计 5×10^4s（约 14h）的蠕变计算时间，以此获取不同施工开挖时围岩浸水湿化后变形规律及其稳定时间。同时，在计算过程中，分别在顶板、底板、左帮、右帮及掌子面各个部位中心处设置 5 个监测点，分别标记为 T_2、B_2、L_2、R_2、P_1，观察围岩变形随时间的变形规律。

根据第 4.4.3 节中所得湿化时变效应模型参数辨识结果，辨识的参数与围岩和应力水平有关，并考虑真实地应力分布情况（$\sigma_1 = 4.74$MPa、$\sigma_3 = 3.46$MPa），选取应力水平为 0.2 等作为基本情况，代入式(4.3-25)后便获得了模拟浸水湿化模型的（即 Burgers 模型）基本参数，如表 5.3-1 所示。

Burgurs 模型计算参数　　　　　　　　　　　　　　　　　　　表 5.3-1

σ_3/kPa	S	$(\sigma_1 - \sigma_3)_s$/kPa	E_{sm}/kPa	η_{sm}/（MPa·h）	E_{sk}/kPa	η_{sk}/（kPa·h）
3460	0.2	1946	1.4130×10^4	150.34	578	2.3203×10^4

5.3.2　施工开挖期间的浸水湿化分析

经过设定的蠕变时间数值计算后，图 5.3-1、图 5.3-2 分别显示了在开挖不同循环步后围岩的变形结果及对应监测点随时间的变形规律。

从图 5.3-1 可知，不同的开挖循环步后（除全部贯通外），掌子面及附近区域围岩的整体变形在浸水 15h 后基本一致，即各种开挖进尺后围岩周边岩体收敛及掌子面的挤出量差别较小。其中，围岩顶板下沉、底板鼓起量分别约为 200mm、230mm，左、右两帮平均挤出 220mm，但掌子面中心区域挤出量最为显著，超过了 700mm。这说明围岩开挖后在未施加任何支护结构条件下，当其受到地下水浸水湿化后易引起较大的湿化变形量，各个部分变形量基本相同，而开挖推进距离对其影响较小，主要与围岩湿化变形参数相关。然而，观察不同开挖进尺包括全部贯通且初衬后围岩变形可知，初衬后围岩湿化变形显然受到了较大程度抑制，与未支护围岩变形相比，其总体变形量很小甚至可以忽略。以全部贯通后情况为例［图 5.3-1（f）］，衬砌后围岩整体收敛处于 30～50mm 范围，仅在围岩帮局部较小范围出现了超过 50mm 的水平挤出位移，其他部位位移量很小，对比衬砌前围岩湿化变形，两帮收敛量降低 84.7%，顶底板移近量降低 85.0%，这显然与设置的初衬结构体为弹性变形体且其具有的高强支护内撑力有关，此时整个隧洞产生的不良湿化变形已经被初衬结构显著抑制。

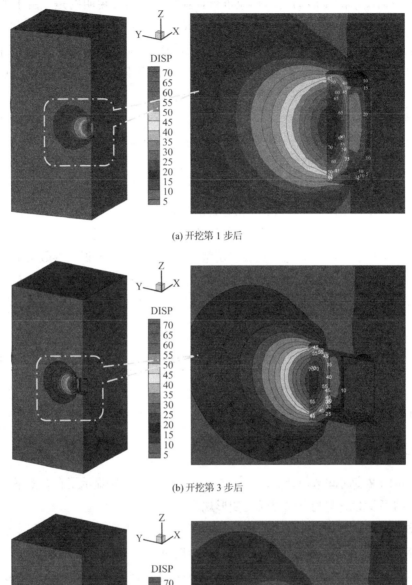

(a) 开挖第 1 步后

(b) 开挖第 3 步后

(c) 开挖第 5 步后

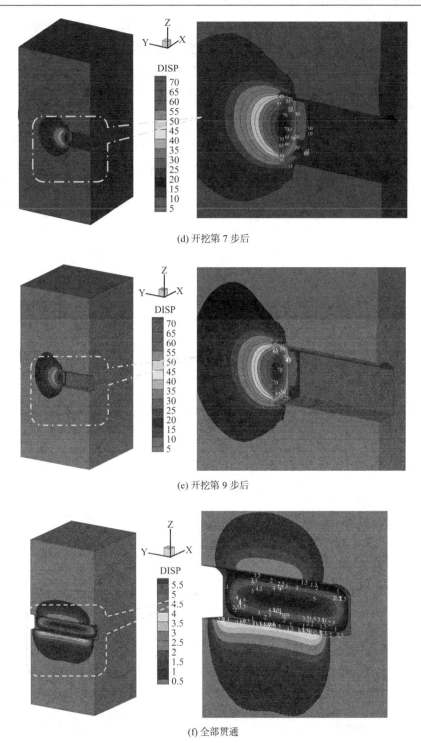

(d) 开挖第 7 步后

(e) 开挖第 9 步后

(f) 全部贯通

图 5.3-1　不同施工开挖步后围岩湿化变形结果（单位：cm）

与此同时，由图 5.3-2 对应的围岩关键部位监测点随时间的历史变形曲线可知，围岩湿化变形随着时间的增加而快速增加，经历一段时间减速后便趋于稳定，对应的稳定时间较短。具体来说，在第 1、3、5、7、9 步开挖进尺及全部贯通初衬后，对应的稳定时间分别为 1.19h、1.60h、1.17h、1.37h、1.47h 及 1.42h，平均为 1.37h，这基本吻合第 4 章湿化试验时效变形所得的 1.36h。这又一次表明，全风化花岗岩围岩隧洞受到浸水湿化后，一般经历大约 1.37h（或 82min）后基本趋于稳定，后期产生的湿化变形量可忽略不计，重要的是其稳定时间受开挖步距影响较小，或视为不受影响。

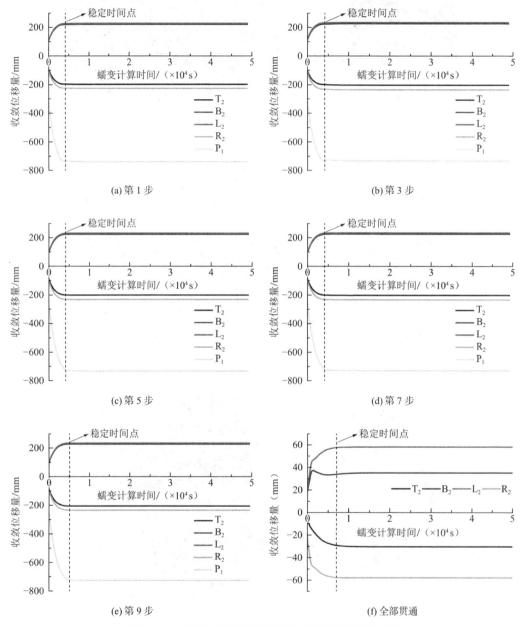

图 5.3-2 不同施工开挖步后围岩变形随时间变形曲线

此外，为了动态显示围岩在湿化变形过程中的空间分布状态，根据图 5.3-2 实际计算结果，以第 9 步循环开挖后情况为考察对象，在变形前 3h 设置每 20min 间隔时间记录一次变形结果，超过 3h 后间隔时间增加到 2h，前后共记录了 12 次的时间-变形结果，具体如

图 5.3-3 所示。

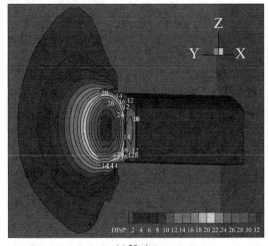

(a) 20min

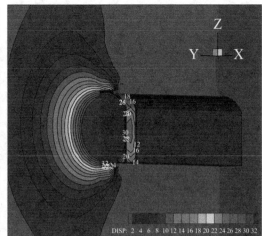

(b) 40min

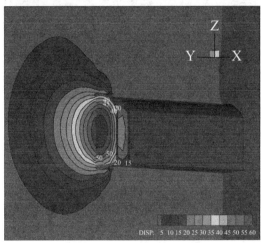

(c) 1h

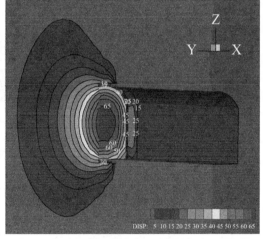

(d) 1h20min

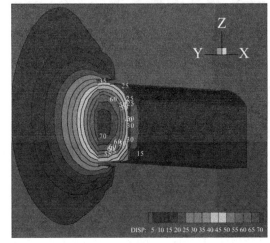

(e) 1h40min

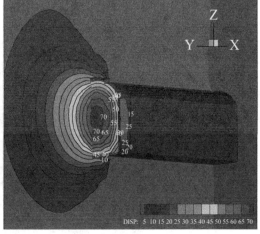

(f) 2h

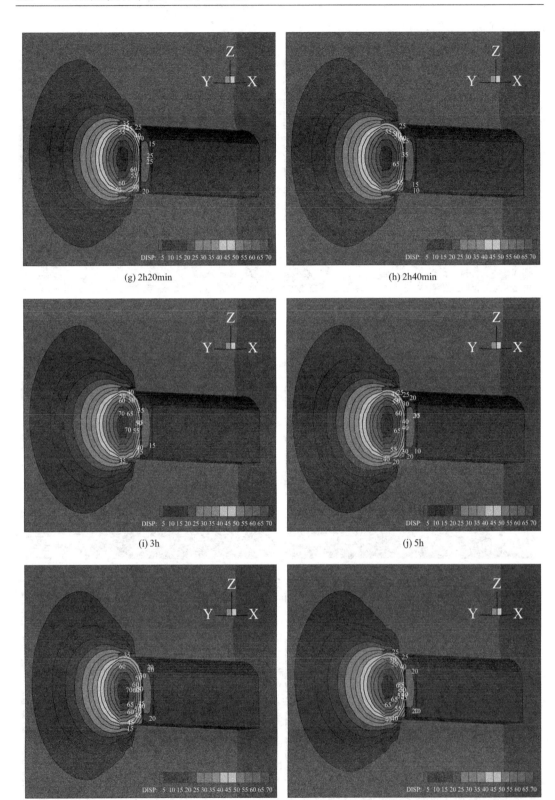

(g) 2h20min

(h) 2h40min

(i) 3h

(j) 5h

(k) 7h

(l) 14h

图 5.3-3　围岩变形随蠕变时间的变化曲线（单位：cm）

由图 5.3-3 可知，在前 20min 内围岩湿化变形已经产生了较大变形，未加任何支护的掌子面中心区域挤出量最大，逐渐周边范围呈放射状递减，而围岩由于裸露面积较小，产生的变形程度也明显较弱。随着时间增大到 40min 后，围岩变形继续增大，尤其是掌子面区域挤出程度增大且范围更广，这种变形持续增长的状态直至持续到 1h 后，增速开始减缓，此时围岩各部分变形形态特征基本确定，且已经完成主要的变形量，其中掌子面湿化变形达到最终变形量的 90%。当时间增加到 1h20min 后，围岩整体变形基本趋于稳定，各部分变形值基本等同于后续其他时间点的变形值，其中图 5.3-2（e）中监测点的变形曲线稳定后的趋势特征也反映了这种情况。

然而，值得注意的是，由于现场围岩开挖完后根据实际情况会择机进行支护，不可能任其自由蠕变超过 15h 造成工程事故，所以本节湿化变形计算结果主要是为了揭示全风化花岗岩隧洞在不同循环开挖过程中遇到浸水后围岩周边的变形响应特征，获得此类岩体的稳定变形时间。另外，尽管上述计算结果是应力水平为 0.2 时的情况，但基于第 5 章湿化试验结果，可预见的是其他应力水平下浸水湿化引起变形程度可能不一样，但其稳定时间会大致相同，后者是本节模拟的重点内容。

由上述内容可知，对于穿越全风化花岗岩破碎带高压电缆平洞围岩，一旦受到地下水浸湿，围岩会产生较大的湿化变形，应力水平决定了最终的变形程度，而所有情况下呈现的稳定变形时间却较短且基本一致，显然这种情况不利于现场施工工序的顺利开展。重要的是，由于围岩体本身软弱破碎，开挖后就易出现大变形，甚至引起顶板塌方，若此时再受到浸水湿化等恶劣环境影响，将使围岩变形更加难以控制。对此，文献[173]指出对于蠕变大变形隧洞，应预留一定让压空间去有效释放围岩变形能，降低围岩压力，并配合合适的支护结构体系，以此达到柔性让压和二次高强支护。而本节结论表明，掌握围岩的湿化变形稳定时间点也是非常重要的，所以设置多大的让压变形、何时施加支护，这均关乎着支护时机选择及最终形成的断面尺寸规范性程度。

5.4　优化支护技术的工程应用

为了进一步验证提出的优化方案的实用性与可靠性，在高压电缆平洞全风化花岗岩区域内进行了针对性的应用实践，同时在施工过程中进行了现场监控量测，以探讨实际工况下的支护控制效果。

5.4.1　现场施工及监测布置

根据该蓄能电站施工总体进度安排，自 2021 年 3 月初开始展开对高压电缆平洞洞口、长管棚注浆等施工，直至 2021 年 7 月底开挖推进至全风化花岗岩等 V 类围岩区域段，其对应的施工进度为 50m/月，共计工期 180d。图 5.4-1 为高压电缆平洞进洞时箱涵段开挖及进洞后情况，图 5.4-2 为现场全风化花岗岩区域段掌子面施工支护情况。

(a) 箱涵段施工　　　　　　　　　　　　　　(b) 施工完成后

图 5.4-1　高压电缆平洞

　　根据全风化花岗岩区域段工况条件，分别选取桩号为 DL0＋280.177 和 DL0＋309.177 两处作为监测断面（标记为 S1 和 S2 断面），并采用收敛测桩进行为期 2 个月左右的表面收敛位移监测，如图 5.4-3 所示。其中，S1 断面监测时间区间为：2021 年 8 月 22 日—2021 年 10 月 13 日，S2 断面监测时间为：2021 年 8 月 4 日—2021 年 10 月 13 日。

(a) 注浆小导管

(b) 钢拱架

图 5.4-2　掌子面施工支护情况

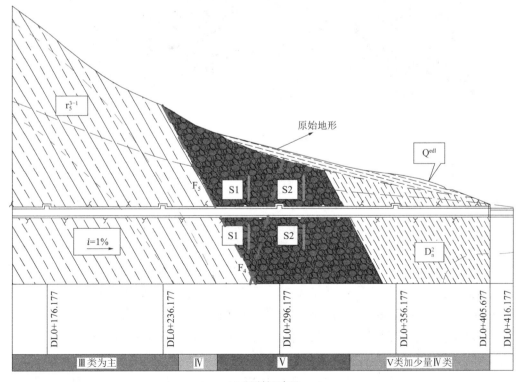

(a) 监测断面布置

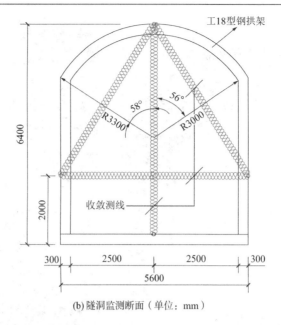

(b) 隧洞监测断面（单位：mm）

(c) 收敛测桩

图 5.4-3　监测断面布置

5.4.2　应用效果与分析

　　根据第 5.4.1 节监测布置内容，分别对 S-1、S-2 两个断面的顶底板、两帮 4 个关键部位做了实时跟踪监测，获得的围岩表面收敛位移曲线如图 5.4-4 所示。

　　从两个断面围岩的变形曲线来看，围岩变形在前 7d（第 1 周）内变形速率及累计变形量较大，继而变形速率减缓，当超过 15d 以后，变形基本趋于稳定，最终获知围岩各部位的变形，即顶板沉降、底板鼓起、左右两帮挤出量的平均值分别为 42.15mm、61.00mm、57.20mm 和 60.35mm，各部位的变形相对比较均匀，未有非对称变形现象。其中，两个断面的顶板最终沉降量最小，这是顶板注浆加固起到的关键作用，但其在前期变形中经历了先下降后又一定量的抬升，继而再继续沉降的过程，这可能是由于洞室开挖过程中空间效应造成顶板处于受压应力调整引起的；底边也出现了严重底鼓现象，这是软弱破碎隧洞难以治理的问题之一。同时，由于 S-1 断面位置滞后于 S-2 断面，在 S-2 断面推进后，后续施工扰动会在一定程度上影响 S-2 断面的变形，使得同期累计变形总体上有所增加，但最终变形量相差较小。另外，对比第 5.2.2 节所得优化方案的数值模拟结果，其值略微大于现场检测数据，但总体上基本处于同一水平值，这表明数值模拟较好地预测了高压电缆平洞在施加优化方案后的收敛变形情况，对工程应用起到了良好的指导作用。同时，通过观察现场支护后的围岩变形情况发现，采用优化方案后，洞身顶板未出现塌方，围岩整体始终保持稳定状态，现场支护效果如图 5.4-5 所示。

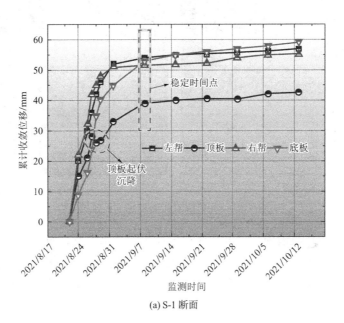

(a) S-1 断面

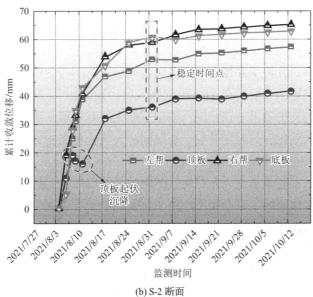

(b) S-2 断面

图 5.4-4　围岩表面收敛位移

(a) 掌子面　　　　　　　　　　　　　　(b) 初衬支护后

图 5.4-5　初衬隧洞断面现场支护效果

综上可知，无论从数值模拟角度，还是现场实践结果来看，对处于全风化花岗岩地层的隧洞工程，围岩支护采用以"长、短锚杆或锚索"协同层次支护为核心、以"工字钢拱架＋局部或全断面注浆"辅助加强的联合控制技术能有效解决围岩大变形破坏问题，保障隧洞在服务期内的安全与稳定。

5.5　本章小结

本章通过现场调研分析了穿越全风化花岗岩地层隧洞围岩变形破坏原因，运用FLAC³ᴰ软件二次开发程序将第 3 章修正邓-肯张模型嵌入后，模拟分析了高压电缆平洞原设计支护方案及优化设计后的支护效果。在已嵌入模型基础上，基于第 4 章湿化试验结果，模拟分析了该平洞遇到浸水湿化后的时变效应。与此同时，将优化支护方案进行了现场应用，并实时监测了围岩收敛变形情况。结果表明：

（1）河南某抽水蓄能电站全风化花岗岩隧洞大变形破坏主要是由于自身力学强度低的围岩受到地下水的软化崩解、自身膨胀作用，并受到构造应力影响引起主应力场偏转造成不规则形态的松动破坏区。

（2）在原支护方案下，围岩顶板、两帮均得到了较好的控制，呈现的岩塑性区、主应力分布形态具有一致的方向性特征，监测点数据显示顶板沉降、底板鼓起的最大值分别为88.4mm、122mm，左、右两帮分别为 106mm、101mm。然而，隧洞底板依然存在最大值为4.0m 深度的塑性区，施加的多处支护锚杆全长锚固段几乎全部位于塑性区范围内。

（3）软弱破碎类围岩变形控制，应考虑以"长、短锚杆或锚索"协同层次支护为核心、以"工字钢拱架＋局部或全断面注浆"辅助加强的联合控制技术。基于原支护方案的不足，提出优化设计方案应考虑从设置锚杆预紧力、长锚杆加固围岩、补打底板锚杆及支护时机选取四个方面着手，并确定了具体的优化方案及支护参数。

（4）在优化支护方案下，围岩塑性区、主应力集中区域均处于围岩浅部范围，且所有锚杆尾端均锚固到弹性区域内。同时，围岩整体及其表面各部位的整体收敛均较小，浅部围岩收敛位移处于 10～30mm，而顶板的最大下沉量为 44.90mm，底板鼓起 66.10mm，左、右两帮平均挤出量为 63.45mm，这很好地验证了优化支护方案能有效控制高压电缆平洞围岩大变形，以此保障该类地质条件下隧洞围岩的长期安全与稳定。

（5）湿化模拟结果表明，不同循环开挖步开挖后，未支护围岩湿化变形平均大约 1.37h（或 80min）后基本趋于稳定，后期变形量很小，湿化变形稳定时间与开挖推进步数无关，仅与围岩所处应力水平及施加的支护方式有关，这样对应了第 4 章湿化试验结果。在浸水 15h 后，围岩表面岩体收敛变形基本均超过 200mm，但掌子面中心区域挤出量最大值超过 700mm，说明浸水湿化条件下掌子面必须加强支护，以防止塌陷。

（6）现场工程实践表明，实施优化方案后围岩主要变形基本上在起始 1 周左右完成，当超过 15d 以后，变形基本趋于稳定，监测获得两个月后的收敛变形量，即顶板沉降、底板鼓起、左右两帮挤出量的平均值分别为 42.15mm、61.00mm、57.20mm 和 60.35mm；洞身顶板未见塌方出现，围岩整体始终保持稳定状态。

参 考 文 献

[1] 黄群伟. 全强风化花岗岩地层深埋隧道围岩分级方法及施工关键技术研究[D]. 成都: 西南交通大学, 2019.

[2] 王凯. 全风化花岗岩富水地层注浆加固机理及应用[D]. 济南: 山东大学, 2017.

[3] 刘攀. 全风化花岗岩试验及本构模型研究[D]. 广州: 华南理工大学, 2016.

[4] 刘金泉, 陈卫忠, 袁敬强. 全风化花岗岩注浆加固体抗冲刷特性试验研究[J]. 岩石力学与工程学报, 2016, 35(9): 1767-1775.

[5] 庞小朝. 深圳原状全风化花岗岩的试验和本构模型研究[D]. 北京: 中国铁道科学研究院, 2011.

[6] 肖红兵. 高速铁路深厚全风化花岗岩地基沉降特性及加固技术研究[D]. 成都: 西南交通大学, 2016.

[7] 林在贯. 岩土工程手册[M]. 北京: 中国建筑工业出版社, 1994.

[8] LEE I M, SUNG S G, CHO G C. Effect of stress state on the unsaturated shear strength of a weathered granite[J]. Canadian Geotechnical Journal, 2005, 42(2): 624-631.

[9] 袁敬强, 陈卫忠, 黄世武, 等. 全强风化花岗岩隧道突水灾害机制与协同治理技术研究[J]. 岩石力学与工程学报, 2016, 35(S2): 4164-4171.

[10] 马海毅, 鲁祖德. 粤西滨海核电厂址强风化花岗岩物理力学特性试验研究[J]. 岩土力学, 2012, 33(2): 361-366+374.

[11] 吴能森. 花岗岩残积土的分类研究[J]. 岩土力学, 2006, 12: 2299-2304.

[12] 颜波, 汤连生, 胡辉, 等. 花岗岩风化土崩岗破坏机理分析[J]. 水文地质工程地质, 2009, 36(6): 68-71+84.

[13] 陈爱云. 黑云母花岗岩全风化层工程地质特性研究[J]. 铁道工程学报, 2016, 33(6): 22-25+43.

[14] 住房和城乡建设部. 工程岩体分级标准: GB/T 50218—2014[S]. 北京: 中国计划出版社, 2015.

[15] 住房和城乡建设部. 水力发电工程地质勘察规范: GB 50287—2016[S]. 北京: 中国计划出版社, 2017.

[16] 建设部. 岩土工程勘察规范: GB 50021—2001[S]. 北京: 中国建筑工业出版社, 2004.

[17] LIU J, CHEN W, NIE W, et al. Experimental Research on the Mass Transfer and Flow Properties of Water Inrush in Completely Weathered Granite Under Different Particle Size Distributions[J]. Rock Mechanics and Rock Engineering, 2019, 52(7): 2141-2153.

[18] LEE I M, SUNG S G, CHO G C. Effect of stress state on the unsaturated shear strength of a weathered granite[J]. Canadian Geotechnical Journal, 2005, 42(2): 624-631.

[19] LEE S H, CHUNG C K, SONG Y W, et al. Relationship between Chemical Weathering Indices and Shear Strength of Highly and Completely Weathered Granite in South Korea[J]. Applied Sciences, 2021, 11(3): 911.

[20] ZHAO Y R, YANG H Q, HUANG L P, et al. Mechanical behavior of intact completely decomposed granite soils along multi-stage loading-unloading path[J]. Engineering Geology, 2019, 260: 105242.

[21] ZHAO Y R, WEN T D, SUN X H, et al. Effect of Loading Path on the Mechanical Properties of Completely Decomposed Granite Soil Based on the Multiscale Method[J]. Advances in Civil Engineering, 2021, 2021: 6635768.

[22] LIU P, LIN J H, WANG Y, et al. Effect of Moisture Content on the Shear Behaviour of a Completely Decomposed Granite: An Experimental Study[J]. Advances in Civil Engineering, 2021, 2021: 6631422.

[23] WANG Y H, YAN W M. Laboratory studies of two common saprolitic soils in Hong kong[J]. Journal of Geotechnical and Geoenvironmental Engineering, 2006, 132(7): 923-930.

[24] ELKAMHAWY E, ZHOU B, WANG H B. Transitional behavior in well-graded soils: An example of completely decomposed granite[J]. Engineering Geology, 2019, 253: 240-250.

[25] NOCILLA A, COOP M R, COLLESELLI F. The mechanics of an Italian silt: an example of 'transitional' behaviour[J]. Geotechnique, 2006, 56(4): 261-271.

[26] MARTINS F B, BRESSANI L A, COOP M R, et al. Some aspects of the compressibility behaviour of a clayey sand[J]. Canadian Geotechnical Journal, 2001, 38(6): 1177-1186.

[27] SHIPTON B, COOP M R. Transitional behaviour in sands with plastic and non-plastic fines[J]. Soils and Foundations, 2015, 55(1): 1-16.

[28] LIU P, YANG X Q, ZHOU X W. Mechanics of Completely Decomposed Granite: Example of Transitional Behavior[J]. International Journal of Geomechanics, 2021, 21(9): 06021023.

[29] NG C, FUNG W T, CHEUK C Y, et al. Influence of stress ratio and stress path on behavior of loose decomposed granite[J]. Journal of Geotechnical and Geoenvironmental Engineering, 2004, 130(1): 36-44.

[30] NG C W W, AKINNIYI D B, ZHOU C, et al. Comparisons of weathered lateritic, granitic and volcanic soils: Compressibility and shear strength[J]. Engineering Geology, 2019, 249: 235-240.

[31] 赵建军, 王思敬, 尚彦军, 等. 全风化花岗岩抗剪强度影响因素分析[J]. 岩土力学, 2005(4): 624-628.

[32] TO E C Y, THAM L G, ZHOU Y D. An elasto-plastic model for saturated loosely compacted completely decomposed granite[J]. Geomechanics and Geoengineering: An International Journal, 2008, 3(1): 13-25.

[33] LAN H X, HU R L, YUE Z Q, et al. Engineering and geological characteristics of granite weathering profiles in South China[J]. Journal of Asian Earth Sciences, 2003, 21(4): 353-364.

[34] 温勇, 杨光华, 汤连生, 等. 广州地区花岗岩残积土力学特性试验及参数研究[J]. 岩土力学, 2016, 37(S2): 209-215.

[35] KIM D, SAGONG M, LEE Y. Effects of fine aggregate content on the mechanical properties of the compacted decomposed granitic soils[J]. Construction and Building Materials, 2005, 19(3): 189-196.

[36] BORANA L, YIN J H, SINGH D N, et al. Interface Behavior from Suction-Controlled Direct Shear Test on Completely Decomposed Granitic Soil and Steel Surfaces[J]. International Journal of Geomechanics, 2016, 16(6): D4016008.

[37] 李凯, 王志兵, 韦昌富, 等. 饱和度对风化花岗岩边坡土体抗剪特性的影响[J]. 岩土力学, 2016, 37(S1): 267-273.

[38] 牛玺荣, 高江平, 张恩韶. 压实花岗岩风化土物理力学性状试验研究[J]. 岩土力学, 2016, 37(3): 701-710.

[39] 尚彦军, 岳中琦, 赵建军, 等. 全风化花岗岩抗剪强度试验结果对比及影响因素分析[J]. 工程地质学报, 2004(2): 199-207.

[40] 刘云鹏, 黄润秋, 霍俊杰. 某高速公路花岗岩边坡稳定性评价及防护措施研究[J]. 防灾减灾工程学报, 2008(1): 19-25.

[41] 周援衡, 王永和, 卿启湘, 等. 全风化花岗岩改良土路基的长期稳定性试验研究[J]. 岩土力学, 2011, 32(S1): 596-602.

[42] 周援衡, 王永和, 卿启湘, 等. 全风化花岗岩改良土高速铁路路基填料的适宜性试验研究[J]. 岩石力学与工程学报, 2011, 30(3): 625-634.

[43] 冉隆飞, 刘洋. 花岗岩全风化层及其改良土的试验研究[J]. 铁道工程学报, 2014(1): 42-48.

[44] CHIU C F. Behaviour of unsaturated loosely compacted weathered materials[M]. Hong Kong University of Science and Technology (Hong Kong), 2001.

[45] YAN W M. Experimental study and constitutive modelling of re-compacted completely decomposed granite[D]. Hong Kong: Hong Kong University of Science and Technology, 2003.

[46] 栾茂田, 罗锦添, 李焯芬, 等. 不排水条件下全风化花岗岩残积土工程特性与本构模型[J]. 大连理工大学学报, 2000(S1): 83-89+94.

[47] 李光范, 龚晓南, 郑镇燮. 压实花岗土的 Yasufuku 模型研究[J]. 岩土工程学报, 2003(5): 557-561.

[48] 安然, 孔令伟, 张先伟. 残积土孔内剪切试验的强度特性及广义邓肯-张模型研究[J]. 岩土工程学报, 2020, 42(9): 1723-1732.

[49] 周雄雄. 高心墙堆石坝湿化变形与数值模拟方法研究[D]. 大连: 大连理工大学, 2020.

[50] 贾宇峰, 姚世恩, 迟世春. 等应力比路径下粗粒土湿化试验研究[J]. 岩土工程学报, 2019, 41(4): 648-654.

[51] 张秀成, 王义重, 傅旭东. 不同应力路径下某高速公路路基黏性土湿化变形试验研究[J]. 岩土力学, 2010, 31(6): 1791-1796.

[52] 梁晨, 蒋刚. 土体湿化试验研究现状[J]. 江苏建筑, 2010(6): 65-68.

[53] 张占磊. 非饱和红土湿化变形试验及数值模拟[D]. 南昌: 南昌大学, 2015.

[54] Specialty Conference on Performance of Earth and Earth-supported Structures. Proceedings of the Specialty Conference on Performance of Earth and Earth-Supported Structures, June 11-14, 1972, Purdue University, Lafayette, Indiana[M]. American Society of Civil Engineers, 1972.

[55] Nobari E S, Duncan J M. Effect of reservoir filling on stresses and movements in earth and rockfill dams: a report of an investigation[M]. Waterways Experiment Station, 1972.

[56] 李广信. 堆石料的湿化试验和数学模型[J]. 岩土工程学报, 1990(5): 58-64.

[57] 殷宗泽, 费余绮, 张金富. 小浪底土坝坝料土的湿化变形试验研究[J]. 河海科技进展, 1993, 13(4): 73-76.

[58] 张小洪, 邱珍锋. 掺软岩粗粒料的湿化试验研究[J]. 水电能源科学, 2018, 36(6): 110-113.

[59] 李鹏, 李振, 刘金禹. 粗粒料的大型高压三轴湿化试验研究[J]. 岩石力学与工程学报, 2004(2): 231-234.

[60] 左永振, 程展林, 姜景山, 等. 粗粒料湿化变形后的抗剪强度分析[J]. 岩土力学, 2008, 29(S1): 559-562.

[61] 张少宏, 张爱军, 陈涛. 堆石料三轴湿化变形特性试验研究[J]. 岩石力学与工程学报, 2005(S2): 5938-5942.

[62] 程展林, 左永振, 丁红顺, 等. 堆石料湿化特性试验研究[J]. 岩土工程学报, 2010, 32(2): 243-247.

[63] 朱俊高, A ALSAKRAN M, 龚选, 等. 某板岩粗粒料湿化特性三轴试验研究[J]. 岩土工程学报, 2013, 35(1): 170-174.

[64] 曹培, 杜雨坤. 红砂岩风化土湿化特性的三轴试验研究[J]. 工程地质学报, 2019, 27(4): 819-824.

[65] MAHIN ROOSTA R, OSHTAGHI V. Effect of saturation on the shear strength and collapse settlement of gravelly material using direct shear test apparatus[J]. Sharif Journal of Civil Engineering, 2013(1): 103-114.

[66] BAUER E. Hypoplastic modelling of moisture-sensitive weathered rockfill materials[J]. Acta Geotechnica, 2009, 4(4): 261-272.

[67] BAUER E, ZHONGZHI F U, LIU S. Hypoplastic constitutive modeling of wetting deformation of weathered

rockfill materials[J]. Frontiers of Architecture & Civil Engineering in China, 2010, 4(1): 78-91.

[68] 殷宗泽, 赵航. 土坝浸水变形分析[J]. 岩土工程学报, 1990(2): 1-8.

[69] 迟世春, 周雄雄. 堆石料的湿化变形模型[J]. 岩土工程学报, 2017, 39(1): 48-55.

[70] CHENG D W, LUO Y S, WU C P, et al. Humidification vibration deformation behavior of intact loess[J]. Journal of Central South University, 2013, 20(7): 1985-1991.

[71] CASINI F. Deformation induced by wetting: a simple model[J]. Canadian Geotechnical Journal, 2012, 49(8): 954-960.

[72] 周雄雄, 迟世春, 贾宇峰. 粗粒料湿化变形特性研究[J]. 岩土工程学报, 2019, 41(10): 1943-1948.

[73] JIA Y F, XU B, CHI S C, et al. Joint back analysis of the creep deformation and wetting deformation parameters of soil used in the Guanyinyan composite dam[J]. Computers and Geotechnics, 2018, 96: 167-177.

[74] NILSEN B. Cases of instability caused by weakness zones in Norwegian tunnels[J]. Bulletin of Engineering Geology and the Environment, 2011, 70(1): 7-13.

[75] MAO D, NILSEN B, LU M. Numerical analysis of rock fall at Hanekleiv road tunnel[J]. Bulletin of Engineering Geology and the Environment, 2012, 71(4): 783-790.

[76] MARZANO F, PREGLIASCO M, ROCCA V. Experimental characterization of the deformation behavior of a gas-bearing clastic formation: soft or hard rocks? A case study[J]. Geomechanics and Geophysics for Geo-Energy and Geo-Resources, 2020, 6(1).

[77] DU S, LI D, ZHANG C, et al. Deformation and strength properties of completely decomposed granite in a fault zone[J]. Geomechanics and Geophysics for Geo-Energy and Geo-Resources, 2021, 7(1).

[78] 孔凡超. 土质隧道开挖诱发围岩应力与变形解析研究[D]. 北京: 北京工业大学, 2016.

[79] 郑颖人. 地下工程锚喷支护设计指南[M]. 北京: 中国铁道出版社, 1988.

[80] WAGNER H. The new austrian tunneling method[J]. Technology & Potential of Tunnelling, 1970.

[81] PAREJA L D. Deep underground hard-rock mining: issues, strategies, and alternatives[J]. Dissertation Abstracts International, Volume: 61-10, Section: B, page: 5536; Adviser: Charles W Pe, 2000.

[82] 李庶林, 桑玉发. 应力控制技术及其应用综述[J]. 岩土力学, 1997(1): 90-96.

[83] ZHU S Q, ZHANG T, GUO X L, et al. Energy considerations in rock mechanics: fundamental results: Salamon, M D G J S Afr Inst Min MetallV84, N8, Aug 1984, P233-246-ScienceDirect[J]. Nanoscale Research Letters, 2014, 9(1): 114.

[84] LUNARDI, PIETRO. Design and construction of tunnels: analysis of controlled deformation in rocks and soils (ADECO), 2008.

[85] WANG C, WANG Y, LU S. Deformational behaviour of roadways in soft rocks in underground coal mines and principles for stability control[J]. International Journal of Rock Mechanics and Mining Sciences, 2000, 37(6): 937-046.

[86] JIANG Y, YONEDA H, TANABASHI Y. Theoretical estimation of loosening pressure on tunnels in soft rocks[J]. Tunnelling and Underground Space Technology, 2001, 16(2): 99-105.

[87] 于学馥, 乔端. 轴变论和围岩稳定轴比三规律[J]. 有色金属, 1981(3): 8-15.

[88] 董方庭, 宋宏伟, 郭志宏, 等. 巷道围岩松动圈支护理论[J]. 煤炭学报, 1994(1): 21-32.

[89] 宋宏伟, 郭志宏, 周荣章, 等. 围岩松动圈巷道支护理论的基本观点[J]. 建井技术, 1994(Z1): 3-9+95.

[90] 陆家梁. 软岩巷道支护技术[M]. 长春: 吉林科学技术出版社, 1995.

[91] 孙钧. 对开展高地应力区岩性特征及隧洞围岩稳定研究的认识[J]. 岩石力学与工程学报, 1988(2): 185-188.

[92] 方祖烈. 拉压域特征及主次承载区的维护理论[C]//世纪之交软岩工程技术现状与展望, 1999.

[93] 范秋雁, 朱维申. 软岩最优支护计算方法[J]. 岩土工程学报, 1997, 19(2): 77-82.

[94] 范秋雁. 软岩流变地压控制原理[J]. 中国矿业, 1996(4): 47-52.

[95] 康红普. 巷道围岩的承载圈分析[J]. 岩土力学, 1996(4): 84-89.

[96] 李学华, 侯朝炯, 姚强岭, 等. 综放沿空掘巷大, 小结构稳定性原理及其应用[C]//综采放顶煤技术理论与实践的创新发展-综放开采30周年科技论文集. 中国煤炭学会, 2012.

[97] 侯朝炯, 李学华. 综放沿空掘巷围岩大、小结构的稳定性原理[J]. 煤炭学报, 2001(1): 1-7.

[98] 何满潮. 煤矿软岩工程技术现状及展望[J]. 中国煤炭, 1999(8): 12-16+21+61.

[99] 王卫军, 李树清, 欧阳广斌. 深井煤层巷道围岩控制技术及试验研究[J]. 岩石力学与工程学报, 2006(10): 2102-2107.

[100] 王卫军, 彭刚, 黄俊. 高应力极软破碎岩层巷道高强度耦合支护技术研究[J]. 煤炭学报, 2011, 36(2): 223-228.

[101] 赵志强, 马念杰, 刘洪涛, 等. 巷道蝶形破坏理论及其应用前景[J]. 中国矿业大学学报, 2018, 47(5): 969-978.

[102] 王卫军, 袁超, 余伟健, 等. 深部大变形巷道围岩稳定性控制方法研究[J]. 煤炭学报, 2016, 41(12): 2921-2931.

[103] 余伟健, 高谦, 朱川曲. 深部软弱围岩叠加拱承载体强度理论及应用研究[J]. 岩石力学与工程学报, 2010, 29(10): 2134-2142.

[104] 杨双锁. 煤矿回采巷道围岩控制理论探讨[J]. 煤炭学报, 2010, 35(11): 1842-1853.

[105] 余伟健, 吴根水, 刘海, 等. 薄煤层开采软弱煤岩体巷道变形特征与稳定控制[J]. 煤炭学报, 2018, 43(10): 2668-2678.

[106] 刘晓宁. 松散破碎半煤岩开拓巷道围岩变形破坏机理及控制技术研究[D]. 北京: 中国矿业大学（北京）, 2014.

[107] 刘泉声, 康永水, 白运强. 顾桥煤矿深井岩巷破碎软弱围岩支护方法探索[J]. 岩土力学, 2011, 32(10): 3097-3104.

[108] WANG F, ZHANG C, WEI S, et al. Whole section anchor-grouting reinforcement technology and its application in underground roadways with loose and fractured surrounding rock[J]. Tunnelling and Underground Space Technology, 2016, 51: 133-143.

[109] 余伟健, 王卫军, 文国华, 等. 深井复合顶板煤巷变形机理及控制对策[J]. 岩土工程学报, 2012, 34(8): 1501-1508.

[110] 王琦, 李术才, 李为腾, 等. 让压型锚索箱梁支护系统组合构件耦合性能分析及应用[J]. 岩土力学, 2012, 33(11): 3374-3384.

[111] 严红, 何富连, 徐腾飞. 深井大断面煤巷双锚索桁架控制系统的研究与实践[J]. 岩石力学与工程学报, 2012, 31(11): 2248-2257.

[112] 邵帅, 杨兴国, 黄成, 等. 隧洞破碎带围岩失稳破坏模式及控制措施研究[J]. 工程科学与技术, 2017, 49(S1): 72-80.

[113] 李术才, 徐飞, 李利平, 等. 隧道工程大变形研究现状、问题与对策及新型支护体系应用介绍[J]. 岩石力学与工程学报, 2016, 35(7): 1366-1376.

[114] 荆升国. 高应力破碎软岩巷道棚-索协同支护围岩控制机理研究[D]. 北京: 中国矿业大学（北京）, 2009.

[115] QIU J, LIU H, LAI J, et al. Investigating the Long-Term Settlement of a Tunnel Built over Improved Loessial Foundation Soil Using Jet Grouting Technique[J]. Journal of Performance of Constructed Facilities, 2018, 32(5): 04018066.

[116] CHEN Z, HE C, XU G, et al. Supporting mechanism and mechanical behavior of a double primary support method for tunnels in broken phyllite under high geo-stress: a case study[J]. Bulletin of Engineering Geology and the Environment, 2019, 78(7): 5253-5267.

[117] 赵志强. 大变形回采巷道围岩变形破坏机理与控制方法研究[D]. 北京: 中国矿业大学（北京）, 2014.

[118] 何满潮, 郭志飚. 恒阻大变形锚杆力学特性及其工程应用[J]. 岩石力学与工程学报, 2014, 33(7): 1297-1308.

[119] 单仁亮, 彭杨皓, 孔祥松, 等. 国内外煤巷支护技术研究进展[J]. 岩石力学与工程学报, 2019, 38(12): 2377-2403.

[120] TANG C, SHI B, GAO W, et al. Strength and mechanical behavior of short polypropylene fiber reinforced and cement stabilized clayey soil[J]. Geotextiles and Geomembranes, 2007, 25(3): 194-202.

[121] KHIEM QUANG T, SATOMI T, TAKAHASHI H. Improvement of mechanical behavior of cemented soil reinforced with waste cornsilk fibers[J]. Construction and Building Materials, 2018, 178:204-210.

[122] CHEN Z, LI X, DUSSEAULT M B, et al. Effect of excavation stress condition on hydraulic fracture behaviour[J]. Engineering Fracture Mechanics, 2020, 226.

[123] MAO D, NILSEN B, LU M. Analysis of loading effects on reinforced shotcrete ribs caused by weakness zone containing swelling clay[J]. Tunnelling and Underground Space Technology, 2011, 26(3): 472-480.

[124] YU W, LIU F. Stability of Close Chambers Surrounding Rock in Deep and Comprehensive Control Technology[J]. Advances in Civil Engineering, 2018, 2018.

[125] DU S, LI D, SUN J. Stability Control and Support Optimization for a Soft-Rock Roadway in Dipping Layered Strata[J]. Geotechnical and Geological Engineering, 2019, 37(3): 2189-2205.

[126] 住房和城乡建设部. 土工试验方法标准: GB/T 50123—2019[S]. 北京: 中国计划出版社, 2019.

[127] ZHU Q, LI D, HAN Z, et al. Mechanical properties and fracture evolution of sandstone specimens containing different inclusions under uniaxial compression[J]. International Journal of Rock Mechanics and Mining Sciences, 2019, 115: 33-47.

[128] BANDIS S C, LUMSDEN A C, BARTON N R. Fundamentals of rock joint deformation[J]. Int J Rock Mech and Min, 1983, 20(6): 249-268.

[129] MALAMA B, KULATILAKE P. Models for normal fracture deformation under compressive loading[J]. International Journal of Rock Mechanics and Mining Sciences, 2003, 40(6): 893-901.

[130] SWAN G. Determination of stiffness and other joint properties from roughness measurements[J]. Rock Mechanics and Rock Engineering, 1983, 16(1): 19-38.

[131] RONG G, HUANG K, ZHOU C, et al. A new constitutive law for the nonlinear normal deformation of rock joints under normal load[J]. Science China-Technological Sciences, 2012, 55(2): 555-567.

[132] LEMAITRE J. Local approach of fracture[J]. Engineering Fracture Mechanics, 1986, 25(5-6): 523-537.

[133] MA K, LI S, LONG G, et al. Performance Evolution and Damage Constitutive Model of Thin Layer SCC under the Coupling Effect of Freeze-Thaw Cycles and Load[J]. Journal of materials in civil engineering, 2020, 32(6): 04020147. 1-11.

[134] ZHANG H, MENG X, YANG G. A study on mechanical properties and damage model of rock subjected to freeze-thaw cycles and confining pressure[J]. Cold Regions Science and Technology, 2020, 103056.

[135] HUANG S, LIU Q, CHENG A, et al. A statistical damage constitutive model under freeze-thaw and loading for rock and its engineering application[J]. Cold Regions Science and Technology, 2018, 145: 142-50.

[136] 韩心星. 岩石非均匀变形破坏演化及统计损伤本构模型研究[D]. 北京: 中国矿业大学（北京）, 2019.

[137] 李地元, 杜少华, 茆大炜, 等. 一种土料力学试样制作、拆卸一体化装置和制备方法: CN201911221036.1[P]. 2020-03-13.

[138] BOZ A, SEZER A, OZDEMIR T, et al. Mechanical properties of lime-treated clay reinforced with different types of randomly distributed fibers[J]. Arabian Journal of Geosciences, 2018, 11(6): 122.

[139] CONSOLI N C, VENDRUSCOLO M A, FONINI A, et al. Fiber reinforcement effects on sand considering a wide cementation range[J]. Geotextiles and Geomembranes, 2009, 27(3): 196-203.

[140] ALI, DEHGHAN, AMIR, et al. Triaxial shear behaviour of sand-gravel mixtures reinforced with cement and fibre[J]. International Journal of Geotechnical Engineering, 2016, 10(5): 1-11.

[141] LEE J Y, RYU H R, PARK Y T. Finite Element Implementation for Computer-Aided Education of Structural Mechanics: Mohr's Circle and Its Practical Use[J]. Computer Applications in Engineering Education, 2014, 22(3): 494-508.

[142] 杨爱武, 梁超. 基于邓肯-张模型的结构性软土应力应变关系研究[J]. 水文地质工程地质, 2014, 41(4): 75-79+86.

[143] SOROUSH A, JANNATIAGHDAM R. Behavior of rockfill materials in triaxial compression testing[J]. International Journal of Civil Engineering, 2012, 10(2): 153-161.

[144] 孙陶, 高希章. 考虑土体剪胀性和应变软化性的 K-G 模型[J]. 岩土力学, 2005(9): 1369-1373.

[145] JIA P, KHOSHGHALB A, CHEN C, et al. Modified Duncan-Chang Constitutive Model for Modeling Supported Excavations in Granular Soils[J]. International Journal of Geomechanics, 2020, 20(11).

[146] 张琰, 张丙印, 李广信, 等. 压实黏土拉压组合三轴试验和扩展邓肯-张模型[J]. 岩土工程学报, 2010, 32(7): 999-1004.

[147] NI P, MEI G, ZHAO Y, et al. Plane strain evaluation of stress paths for supported excavations under lateral loading and unloading[J]. Soils and Foundations, 2018, 58(1): 146-159.

[148] 沈珠江. 考虑剪胀性的土和石料的非线性应力应变模式[J]. 水利水运科学研究, 1986(4): 1-14.

[149] 李雪梅, 李红文, 郑敏生, 等. 基于修正邓肯-张模型的堆石料颗粒破碎研究[J]. 岩石力学与工程学报, 2016, 35(S1): 2695-2701.

[150] LIU X S, NING J G, TAN Y L, et al. Damage constitutive model based on energy dissipation for intact rock subjected to cyclic loading[J]. International Journal of Rock Mechanics and Mining Sciences, 2016, 85: 27-32.

[151] 王玉赞, 迟世春, 邵磊, 等. 堆石料残余变形特性与参数敏感性分析[J]. 岩土力学, 2013, 34(3): 856-862.

[152] 王军保, 刘新荣, 刘俊, 等. 砂岩力学特性及其改进 Duncan-Chang 模型[J]. 岩石力学与工程学报, 2016, 35(12): 2388-2397.

[153] WANG L G, LI H L, ZHANG J. Numerical simulation of creep characteristics of soft roadway with bolt-grouting support[J]. Journal of Central South University of Technology, 2008, 15:391-396.

[154] 水利部. 水电水利工程粗粒土试验规程: DL/T 5356—2006[M]. 北京: 中国电力出版社, 2007.

[155] 茆大炜, 杜少华, 李地元, 等. 基于大型三轴试验的蚀变花岗岩力学行为及浸水湿化研究[J]. 岩石力

学与工程学报, 2020, 39(9): 1819-1831.

[156] 李广信. 高等土力学[M]. 北京: 清华大学出版社, 2004.

[157] LIU X Q, LIU J K, TIAN Y H, et al. Influence of the freeze-thaw effect on the Duncan-Chang model parameter for lean clay[J]. Transportation Geotechnics, 2019, 21.

[158] CHEN Z B, ZHU J G, JIAN W B. Quick Triaxial Consolidated Drained Test on Gravelly Soil[J]. Geotechnical Testing Journal, 2015, 38(6).

[159] ESCUDER I, ANDREU J, RECHEA M. An analysis of stress-strain behaviour and wetting effects on quarried rock shells[J]. Canadian Geotechnical Journal, 2005, 42(1): 51-60.

[160] CHIU Y L, NGAN A H W. Time-dependent characteristics of incipient plasticity in nanoindentation of a Ni3Al single crystal[J]. Acta Materialia, 2002, 50(6): 1599-1611.

[161] RAZYGRAEV A N, RAZYGRAEV N P, DIKOV I A. Examining the Experience of Revealing Delayed Deformation Corrosion Cracking[J]. Russian Journal of Nondestructive Testing, 2017, 53(4): 295-303.

[162] 邓会元, 戴国亮, 邱国阳, 等. 杭州湾淤泥质粉质黏土排水蠕变试验及元件蠕变模型[J]. 东南大学学报（自然科学版）, 2021, 51(2): 318-324.

[163] 程爱平, 戴顺意, 舒鹏飞, 等. 考虑应力水平和损伤的胶结充填体蠕变特性及本构模型[J]. 煤炭学报, 2021, 46(2): 439-449.

[164] CHENG H, ZHANG Y, ZHOU X. Nonlinear Creep Model for Rocks Considering Damage Evolution Based on the Modified Nishihara Model[J]. International Journal of Geomechanics, 2021, 21(8).

[165] 赵延林, 唐劲舟, 付成成, 等. 岩石黏弹塑性应变分离的流变试验与蠕变损伤模型[J]. 岩石力学与工程学报, 2016, 35(7): 1297-1308.

[166] 张亮亮, 王晓健. 岩石黏弹塑性损伤蠕变模型研究[J]. 岩土工程学报, 2020, 42(6): 1085-1092.

[167] 王兴开. 极软煤巷煤体蠕变力学特性及其锚固作用机理研究[D]. 北京: 中国矿业大学（北京）, 2019.

[168] GUO Q, SU H, JING H, et al. Effect of Wetting-Drying Cycle on the Deformation and Seepage Behaviors of Rock Masses around a Tunnel[J]. Geofluids, 2020.

[169] 冷先伦, 盛谦, 朱泽奇, 等. 邓肯-张模型在 FLAC 3D 中的实现及工程应用[J]. 建筑科学, 2009, 25(1): 100-105.

[170] 马秋峰, 刘志河, 秦跃平, 等. 基于能量耗散理论的岩石塑性-损伤本构模型[J]. 岩土力学, 2021, 42(5): 1210-1220.

[171] 余伟健, 冯涛, 王卫军, 等. 软弱半煤岩巷围岩的变形机制及控制原理与技术[J]. 岩石力学与工程学报, 2014, 33(4): 658-671.

[172] 黄文忠, 王卫军, 余伟健. 深部高应力碎胀围岩二次支护参数研究[J]. 采矿与安全工程学报, 2013, 30(5): 665-672.

[173] 张宇. 深部巷道蠕变大变形失稳机理与控制技术研究[D]. 北京: 中国矿业大学（北京）, 2019.